U0166877

普通高等教育土木类"十四五"系列教材

土工测试理论与应用

主　编　王保田　余湘娟

副主编　张文慧　高　磊

中国水利水电出版社
www.waterpub.com.cn
·北京·

内 容 提 要

本书为河海大学 2020 年立项研究生精品教材及普通高等教育土木类"十四五"系列教材,由河海大学岩土工程国家重点学科主讲研究生土工测试理论与应用课程的教师团队编写。教材内容在河海大学研究生土工测试课程教学试验项目基础上进行了适当扩编。本书依托的试验规程均采用国家和行业颁布的最新文件,内容融入了编者多年科研成果和教学心得,参考了岩土工程测试技术的前沿进展。教材编写注重理论教学与试验操作实践,并介绍了试验成果在研究与工程实践中的应用。

全书共 12 章,每章主要介绍一个主要试验项目,但土工合成材料试验一章概述了土工合成材料力学性质试验的多个主要试验项目。第一章为液塑限试验,第二章为固结(压缩)试验,第三章为击实试验,第四章为土工合成材料力学特性试验,第五章为静力触探试验,第六章为原位波速试验,第七章为三轴压缩试验,第八章为真三轴试验,第九章为大型高压三轴试验,第十章为动三轴试验,第十一章为共振柱试验,第十二章为空心圆柱扭剪试验。各章按试验目的(概述)、试验原理、试验仪器、试验步骤、试验成果整理和试验成果应用顺序编写。

本书可作为普通高等学校土木、水利、交通、地质等专业硕士研究生教材,也可用作相关领域科学研究和工程设计的参考用书。

图书在版编目(CIP)数据

土工测试理论与应用 / 王保田,余湘娟主编. -- 北京:中国水利水电出版社,2021.12
普通高等教育土木类"十四五"系列教材
ISBN 978-7-5226-0340-7

Ⅰ. ①土… Ⅱ. ①王… ②余… Ⅲ. ①土工试验-高等学校-教材 Ⅳ. ①TU41

中国版本图书馆CIP数据核字(2021)第274730号

书 名	普通高等教育土木类"十四五"系列教材 **土工测试理论与应用** TUGONG CESHI LILUN YU YINGYONG	
作 者	主 编 王保田 余湘娟 副主编 张文慧 高 磊	
出 版 发 行	中国水利水电出版社 (北京市海淀区玉渊潭南路 1 号 D 座　100038) 网址:www.waterpub.com.cn E-mail:sales@mwr.gov.cn 电话:(010) 68545888(营销中心)	
经 售	北京科水图书销售有限公司 电话:(010) 68545874、63202643 全国各地新华书店和相关出版物销售网点	
排 版	中国水利水电出版社微机排版中心	
印 刷	天津嘉恒印务有限公司	
规 格	184mm×260mm 16 开本 11.25 印张 280 千字	
版 次	2021 年 12 月第 1 版 2021 年 12 月第 1 次印刷	
印 数	0001—2000 册	
定 价	**35.00 元**	

前　言

河海大学岩土工程学科作为我国最早的两个岩土工程国家重点学科之一，早在 1952 年就建立了我国高校第一个土力学实验室。土工测试理论与应用一直是本学科最重视的教学研究科目之一，因此形成了河海大学岩土工程专业研究生教学的专长与特色。自 20 世纪 80 年代研究生土工测试课程开设以来，始终注重岩土测试理论教学和岩土试验动手能力培养。长期以来，研究生土工测试课程都是以课件发放、PPT 教学、参考土工试验规程为主要方式完成课程教学，没有编制与本课程对应的教材。由于土工试验规程中有些试验项目与《土力学》介绍的不同，如三轴不固结不排水剪，即使最新的《土工试验方法标准》（GB/T 50123—2019）仍没有先施加初始固结应力 σ_0，待其固结完成后，再施加不同的围压增量 $\Delta\sigma_3$，在不固结条件下接着施加轴压增量 $\Delta\sigma_1$，不排水剪切至破坏，而是直接施加 σ_3，在不固结条件下再施加轴向压力使试样剪切破坏；规范中没有纳入真三轴试验、空心扭剪试验等项目，这些是研究不同应力路径条件下土的变形与破坏规律常用的研究性试验。随着国家对研究生教育的不断重视，河海大学研究生教育教学改革建设项目（校立校助）专项将"土工测试理论与应用"设立为 2020 年研究生精品教材建设项目。本教材的出版将有助于提高研究生土工测试理论与应用课程教学质量和研究生科研试验动手能力。

河海大学在 20 世纪 80 年代初编写了《土工试验指导书》和《土工试验报告》，供本科土工试验课程教学使用。90 年代初，王保田编写了《土工测试技术》作为本科土工试验指导教材。教材中有许多内容沿袭了《土工试验指导书》中合理部分，充实了现场测试部分，补充了笔者多年来的试验工作成果。教材先作为讲义使用，2000 年《土工测试技术》一书正式出版。初版教材使用四年后在内容上做了适当的调整和增减再版。这部国内第一本面向本科土工测试教学的教材，被国内多所高校引进并作为本科教材使用，取得了良好效果和较大反响。

"土工测试理论与应用"研究生精品教材建设项目负责人王保田和余湘娟长期承担研究生土工测试课程教学工作，并组织张文慧和高磊两位教师组成编写团队，确定以研究生土工测试课程教学内容为基础，适当扩编试验项目，以土工试验最常用和最重要的 12 个试验为本书内容。项目负责人确定编写大纲和编写体例后，编写团队分工协作，从 2019 年 2 月开始编写，2020 年 3 月完成第一稿，负责人统稿并提出修改意见后，2020 年 8 月基本完成教材编写工作。具体执笔分工为：王保田教授编写第一章和第二章，余湘娟教授编写第七章和第八章，张文慧副教授编写第三～六章，高磊副教授编写第九～十二章。最后由王保田教授负责统稿。

土工试验成果的可靠性和能否应用于具体工程设计中，主要与测试设备的工作状态、操作人员的熟练程度、取样的代表性、取样和制样过程中的扰动情况、试验工作条件与现场受力特性的差异等诸多因素有关。作为试验操作人员，应始终保持试验仪器处于良好的工作状态，细心整理试验成果，详细记录试验过程中出现的各种异常现象。只有这样，才能使试验成果有较高的可靠性。

通过对本书的学习，要求研究生掌握各种试验的基本原理、操作方法和成果整理方法，了解各种试验仪器的工作原理、校验方法及维护措施。能通过对本书的学习掌握土体各物理力学参数的基本范围和工程应用方法则是编者所盼达到的境界。本书可作为土木水利类专业学位硕士土工测试理论与应用课程教材，并可作为水利、土木、交通、地质等学科各专业研究生岩土工程测试与研究参考书，同时也可作为从事土工试验和现场测试专业技术人员的参考书。

河海大学将本书列入 2020 年研究生精品教材建设项目，对教材编写和出版提供经费资助，中国水利水电出版社将本书申报为普通高等教育土木类"十四五"系列教材。编者借该书出版之际，向中国水利水电出版社和所有为本书的出版付出辛勤汗水的同仁们表示深深的谢意。

由于作者水平有限，书中错漏之处在所难免，望读者提出宝贵的意见，以在再版时修订。

编者
2021 年秋

目 录

第一章 液 塑 限 试 验

第一节 概   述

细粒土的物理状态和力学性质随着土体含水率的变化而变化。当细粒土的含水率较高时，细粒土重塑后在自重作用下不能保持其形状，发生类似于液体的黏滞流动现象，几乎没有抗剪强度，称其处于流态。对于已经形成一定结构的原状细粒土来说，由于其土体结构对变形的影响，即使其处于流态，在自重作用下也不会流动。准确地说，细粒土处于流态的含义为：当细粒土处于流态时，通过重塑破坏其结构后，会发生类似于液体的黏滞流动现象。当含水率降低后，重塑细粒土在自重作用下能保持其形状，且其体积随着含水率的降低而逐渐减小；此时细粒土具有一定的抗剪强度，在外力作用下会发生塑性变形而不断裂，且在变形过程中体积不产生显著变化，外力卸除后仍能保持已有的形状，细粒土的这种性质称为可塑性，这一状态称为可塑状态。若细粒土的含水率继续降低，其可塑性将逐渐丧失，在较小的外力作用下产生的变形以弹性变形为主，当外力超过定值后土体发生断裂，土体体积随含水率降低仍然会减小，此时称土体处于半固体状态。若含水率进一步降低，细粒土的体积不随含水率降低而变化，土体在较小的外力作用下产生弹性变形，当外力超过定值后发生断裂，进入固体状态。土体从高含水率的流态逐渐进入到可塑状态（可塑态）、半固体状态（半固态）、固体状态（固态）的含水率 ω 与体积 V 的变化过程如图 1-1 所示。细粒土因含水率变化而表现出的各种物理状态称为细粒土的稠度，通常用硬、可塑、软和流动等术语来描述。

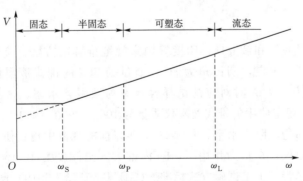

图 1-1 细粒土的状态转变示意图[15]

从图 1-1 中可以看到，细粒土从一种状态转变为另一种状态，可用某一界限含水率区分。这种界限含水率称为稠度界限或阿太堡（Atterberg）界限。1911 年瑞典科学家阿太堡规定了土从流态过渡到固态的各个界限含水率，称为阿太堡界限。

对岩土工程来说，具有实用意义的稠度界限是液限（ω_L）、塑限（ω_P）和缩限（ω_S）。液限是流态和可塑状态的界限含水率，也就是可塑状态的上限含水率。塑限是可塑状态与半固体状态的界限含水率，也就是可塑状态的下限含水率。缩限是半固体状态与固体状态的界限含水率，也就是细粒土随着含水率降低体积开始不变时的含水率。严格地说，细粒土不同状态之间的过渡是渐变的，并无明确的界限。为了方便使用，相关规范将按规定的试验方法得到的相应确定的含水率作为界限含水率。

细粒土的界限含水率和土的组成、土粒的矿物成分、比表面积、表面电荷等一系列因素有关，是这些因素的综合反映。阿太堡从试验中发现：石英磨成直径小于 $2\mu m$ 或更小的颗粒，与水混合后，并没有塑性；而同样细的云母却具有塑性，且随颗粒变细，塑性增大。当土中主要是高岭土时，液限在 50% 以下；当土中含蒙脱土时，液限一般可达 50% 以上，钠蒙脱石含量高的黏土，液限甚至可高达 150% 以上。火山灰来源的黏土和有机黏土的液限可超过 100%，斑脱土的液限可达 40%。塑性高表示土中胶体黏粒含量高，同时也表示黏土中可能含有蒙脱石或其他高活性的胶体黏粒较多。因此，胶体黏粒含量高表示黏土中可能含有蒙脱石或其他高活性的胶体黏粒较多。而土的物理力学性质又与其矿物成分密切相关，故界限含水率尤其是液限能较好地反映出土的某些物理力学特性，如渗透性、压缩性、胀缩性和强度等。

岩土工程中用得最多的界限含水率是液限和塑限，故本章主要介绍液限和塑限试验，缩限试验可参考相关文献或规范。

第二节 试 验 原 理

一、液限试验

重塑细粒土由流态转变为可塑态时，土从不能承受外力向能承受一定外力过渡。试验时，给予试样一个小的外力作用，在一定的时间内，变形量达到规定值时的含水率定义为液限含水率。世界上主流规范中给出了两种液限试验方法：锥式液限仪法和碟式液限仪法。

1. 锥式液限仪法

锥式液限仪法是我国和俄罗斯、印度等国家规范推荐的方法。《土工试验方法标准》（GB/T 50123—2019）规定，圆锥角为 30°、质量为 76g 的锥式液限仪，在重力作用下，5s 内锥尖入土深度为 17mm 时对应的试样含水率为液限含水率。《公路土工试验规程》（JTG 3430—2020）规定使用的锥式液限仪质量为 100g，它在 5s 内锥尖入土深度为 20mm 时对应的试样含水率为液限含水率。我国 2007 年以前的规范中规定使用圆锥角为 30°、质量为 76g 的锥式液限仪，在重力作用下，5s 内锥尖入土深度为 10mm 时对应的试样含水率为液限含水率。尽管《土工试验方法标准》（GB/T 50123—2019）已经废除了 10mm 液限，但为了与历史资料对比，岩土工程勘察报告至今还通常给出锥尖入土深度分别为 17mm 和 10mm 对应的两个液限 ω_{L17} 和 ω_{L10}。

2. 碟式液限仪法

碟式液限仪法是美国、西欧国家规范中采用的标准试验方法。在规定的试样碟中盛试样，沿试样碟轴线在试样中用特制开槽器开一底宽 2mm、锥角为 60° 的槽。然后以 2 次/s 的频率和一定的能量（土样碟自由落高 10mm）让试样碟与硬橡胶基座碰撞。在碰撞过程中，试样在重力和惯性力作用下向试样碟底部流动。当试样槽两侧试样靠拢长度达到 13mm，撞击次数恰为 25 次时，对应的试样含水率定义为液限含水率。

二、塑限试验

塑限试验利用土体处于可塑状态时，在外力作用下产生任意变形而不发生断裂，土体处于半固体状态时，受力后变形达到一定值时发生断裂的特点，给试样施加一定大小的外力作用，刚好使试样出现规定的变形（或断裂）时的含水率定义为塑限含水率（简称塑限）。《土工试验方法标准》（GB/T 50123—2019）规定联合测定仪法为标准的塑限试验方法，搓滚法为建议方法。美国和欧洲等规定搓滚法为塑限试验方法。

《土工试验方法标准》（GB/T 50123—2019）规定，圆锥角为 30°、质量为 76g 的锥式液限仪在重力作用下，5s 内锥尖入土深度为 2mm 时对应的试样含水率为塑限含水率。

在搓滚法塑限试验中，用手掌在毛玻璃板上将枣核大小的纺锤形试样搓成土条，当搓成的土条直径刚好为 3mm 时出现裂缝，则土条对应的含水率为塑限含水率，这种方法是国际上大多国家土工试验规程所采用的方法。滚搓法最大的缺点是人为因素影响大，测值比较分散，所得成果的再现性和可比性较差。20 世纪 80 年代初期，原水利电力部、冶金部和交通部公路系统进行了大量的比较试验，经过多年的经验积累和对比试验，对碟式液限仪法和滚搓法进行了相关分析，确定了用锥式液限仪测定液限和塑限时等效于碟式液限仪法和滚搓法试验结果的圆锥入土深度，建立了液塑限联合测定法。

三、液塑限联合测定

为了减小手动锥式液限仪在液限试验过程中的读数误差和人为因素对搓滚法塑限试验的影响，提高试验精度和试验结果的可重复性，我国在 20 世纪 80 年代初设计出了液塑限联合测定仪，并在《土体试验方法标准》（GB/T 50123—2019）中规定以此仪器测定的液塑限为准。规定 5s 内锥尖入土深度为 17mm 时对应的试样含水率为液限含水率；通过与搓滚法对比发现，76g 锥式液限仪在 5s 内锥尖入土深度为 2mm 时对应的含水率与搓滚法得到的塑限接近，因此，定义 76g 锥式液限仪在 5s 内锥尖入土深度为 2mm 时对应的含水率为塑限含水率。《公路土工试验规程》（JTG 3430—2020）规定，锥式液限仪质量为 100g，5s 内锥尖入土深度为 20mm 时对应的试样含水率为液限含水率；同时给出了 100g 圆锥联合测定仪法的液限含水率 ω_L 与塑限入土深度 h_P 的经验关系式（图 1-2），根据此关系式和 ω_L 查塑限入土深度 h_P（对于细粒土，用双曲线确定 h_P；对于砂类土，用多项式曲线确定 h_P），然后查图 1-7，h_P 对应的含水率为塑限 ω_P。

液塑限联合测定仪法采用与锥式液限仪法完全相同的仪器，联合测定法的理论依据是在可塑范围内圆锥入土深度与相应含水率在双对数坐标上具有直线关系，根据极限平衡理论求得。如图 1-3 所示，设 p 代表圆锥的重力，A 代表圆锥与试样接触面积，则沿此表面的极限剪应力 τ 为

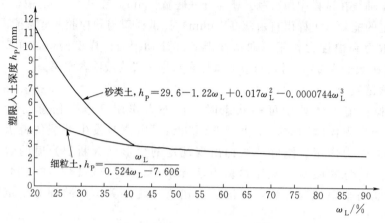

图 1-2 $h_P - \omega_L$ 关系曲线[9]

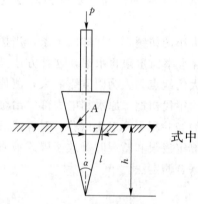

图 1-3   圆锥入土深度示意图[16]

$$\tau = \frac{p\cos\frac{\alpha}{2}}{A} \qquad (1-1)$$

$$A = \pi rl = \pi h^2 \frac{\tan\frac{\alpha}{2}}{\cos\frac{\alpha}{2}}$$

式中 α —— 圆锥的顶角；

r —— 圆锥与试样表面接触处的底面半径；

l —— 圆锥与试样接触部分的母线长度；

h —— 圆锥入土深度。

所以

$$\tau = \frac{p\cos^2\frac{\alpha}{2}}{\pi h^2 \tan\frac{\alpha}{2}} = \frac{Cp}{h^2} \qquad (1-2)$$

式中 C —— 圆锥形状系数。

若圆锥顶角为30°，将式（1-2）绘成双对数线，则是一条直线，如图1-4所示，图中绘制了对多种土用小十字板剪力仪和无侧限压缩仪进行抗剪强度与对应入土深度试验的成果。从图上看出，理论曲线与试验曲线在特性上是一致的。将式（1-2）写成双对数表达式：

$$\lg\tau = C_1 - 2\lg h \qquad (1-3)$$

根据已有的试验研究，重塑土的无侧限抗压强度与含水率也存在双对数关系，其表达式为

$$\lg\tau = C_2 - m\lg\omega \qquad (1-4)$$

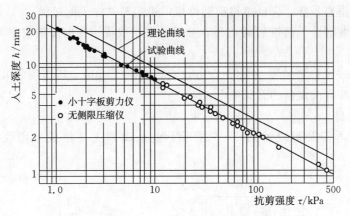

图 1-4 圆锥入土深度与抗剪强度关系曲线[16]

将式（1-3）和式（1-4）消去 τ，即得 h 与 ω 的关系：

$$\lg h = C_3 - \frac{m}{2}\lg\omega \qquad (1-5)$$

式（1-5）表明：理论上重塑土锥尖入土深度 h 与含水率 ω 在双对数坐标系中成线性关系。试验结果也表明，在可塑范围内，细粒土的锥尖入土深度 h 与含水率 ω 在双对数坐标系中呈线性关系，这是液限、塑限联合测定的理论基础。

第三节 试 验 仪 器

1. 液塑限联合测定仪

液塑限联合测定法使用的液塑限联合测定仪如图 1-5 所示，其主要组成部分如下：

（1）圆锥仪。圆锥仪包括锥体、微分尺、平衡装置三部分，总质量为 76g±0.2g［《公路土工试验规程》(JTG 3430—2020) 规定圆锥仪的质量为 100g±0.2g］，锥角为 30°±0.2°，锥尖磨损量不超过 0.3mm。微分尺刻线距离 0.1mm，其顶端为磨平铁质材料，能被磁铁平稳吸住。

（2）电磁铁部分。76g 锥磁铁吸力大于 1N，100g 锥磁铁吸力大于 1.5N。

（3）光学投影部分。光学投影部分包括光源、滤光镜、物镜、反射镜及读数屏幕，功能是将微分尺刻度线读数放大 10 倍后投影到显示屏上。

（4）升降座。升降座的功能是使试样杯

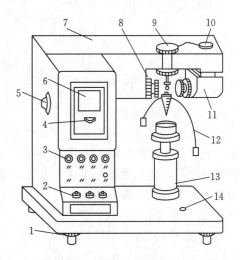

图 1-5 液塑限联合测定仪[16]

1—水平调节螺丝；2—控制开关；3—指示灯；4—零线调节螺丝；5—反光镜调节螺丝；6—屏幕；7—机壳；8—物镜调节螺丝；9—电磁装置；10—电源调节螺丝；11—光源；12—圆锥仪；13—升降座；14—水平气泡

在一定范围内能垂直升降,保证落锥前圆锥仪的锥尖与试样表面接触。

(5) 时间控制部分。落锥后延时 5s,显示、记录或提示读取圆锥仪落入试样表面以下的深度。

(6) 试样杯。试样杯直径为 40~50mm,高 30~40mm。其作用是装入调制好的试样,放到液塑限联合测定仪的升降座上。

2. 碟式液限仪

碟式液限仪外形及组成如图 1-6 所示。由土碟和支架组成专用仪器,并有专用划刀。

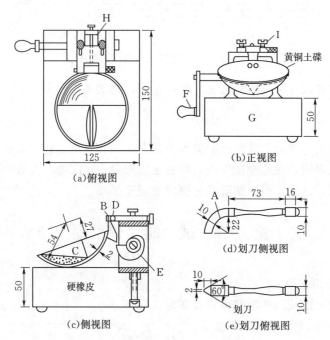

图 1-6 碟式液限仪[1] (单位:mm)

A—划刀;B—销子;C—土碟;D—支架;E—涡轮;F—摇柄;G—底座;H—调整板;I—螺丝

3. 搓滚法塑限试验使用的仪器

搓滚法塑限试验使用的仪器主要有毛玻璃板,尺寸宜为 200mm×300mm。搓滚过程中土条直径用对比法量测,锥式液限仪的平衡锤连接弓的直径为 3mm。试验过程中当土条出现裂缝时,将其直径与连接弓比较,若土条直径小于连接弓才出现裂缝,表明土条含水率高于塑限;若土条直径大于连接弓即出现裂缝,表明土条水率低于塑限。

4. 液塑限试验的辅助仪器

液塑限试验的辅助仪器如下:

(1) 卡尺,分度值为 0.02mm。

(2) 天平,称量 200g,分度值为 0.01g。

(3) 标准筛,孔径为 0.5mm。

(4) 烘箱。

(5) 干燥缸。

（6）铝盒。

（7）调土刀。

（8）刮土刀。

（9）调土皿。

第四节 试 验 方 法

一、液塑限联合测定法

液塑限联合测定法试验应按下列步骤进行：

（1）宜采用天然含水率的土样制备试样，也可用风干土制备试样。

（2）当采用天然含水率的土样时，应剔除粒径大于 0.5mm 的颗粒，再分别按接近液限、塑限和二者的中间状态制备不同稠度的土膏，静置湿润。静置时间可视原含水率的大小而定。《公路土工试验规程》（JTG 3430—2020）规定：采用 100g 圆锥时，含水率最高试样的入土深度应为 20mm±0.2mm；含水率最低试样的入土深度应控制在 5mm 以下，对于砂类土则可大于 5mm；中间含水率的土样入土深度控制在 9～12mm 的范围内。

（3）当采用风干土样时，取过 0.5mm 筛的代表性土样约 200g，分成 3 份，分别放入 3 个调土皿中，加入不同数量的纯水，使其分别达到接近液限、塑限和二者的中间状态的含水率，调成均匀土膏，放入密封的保湿缸中，静置 24h。

试样制备好坏对液限塑限联合测定的精度具有重要影响。制备试样应均匀、密实。一般制备 3 个试样。一个要求含水率接近液限（锥尖入土深度为 15～17mm），一个要求含水率接近塑限（锥尖入土深度为 3～5mm），一个居中（锥尖入土深度为 8～10mm）。否则，就不容易控制曲线的走向。对联合测定精度最有影响的是靠近塑限的那个试样。可以先将试样充分搓揉，再将土块紧密地压入试样杯，刮平，待测。当含水率接近塑限时，对控制曲线走向最有利，但此时试样很难制备，必须充分搓揉，使充填在试样杯的试样内无空隙存在。为便于操作，根据实际经验含水率可略放宽，以入土深度在 3～5mm 范围内为宜。

对于某些高液限土，试样静置历时对液限、塑限有较大影响时，也可根据经验，适当延长静置时间。若试样的有机质含量较高，应在记录中注明，以便分析。

（4）将制备好的土膏用调土刀充分调拌均匀，密实地填入试样杯中，应使空气逸出，不得含有封闭气泡。高出试样杯的余土用刮土刀刮平，将试样杯放在仪器底座上。

（5）取圆锥仪，在锥体上涂薄层润滑油脂（通常用凡士林），接通电源，使电磁铁吸稳圆锥仪。当使用游标式或百分表式时，提起锥杆，用旋钮固定。

（6）调节屏幕准线，使初读数为 0。调节升降座，使圆锥仪锥尖接触试样面，这时，接触指标灯亮。然后断开电磁铁使圆锥在自重下向试样内下沉。经 5s 后测读圆锥入土深度。在一个试样不同位置进行两次圆锥入土深度测试（两次测试位置距离不小于 1cm），当两次测试的圆锥入土深度相差不超过 0.5mm 时，取平均值为该试样的圆锥入土深度；若两次测试的圆锥入土深度相差超过 0.5mm，则表明试样不均匀，需要重新调土再进行试验。对测试完圆锥入土深度并符合要求的试样，取出试样杯，挖去锥尖入土处沾有润滑油脂的土，取杯中试样测定含水率。每个杯中取两个含水率试样，每个含水率试样湿土质量不得少于 10g，放入铝盒内，称量，准确至 0.01g，测定含水率。

对于中、高液限的黏质土和粉质土，锥体沉入后能在较短时间内稳定，对比试验的资料表明，对于这类土，5s、15s、30s 的读数保持不变；而对于低液限粉质土，由于试样在锥体作用下发生排水，使锥体继续下沉，有时长达数分钟后才能稳定，若待锥体持续很长时间再读数，因含水率及强度均有变化，获得的结果就难以代表试样的真实情况。因此，原则上当锥体由很快下沉转变为缓慢蠕动下沉时就读数，但这很难做到。对比资料表明，对于低液限土，入土深度随时间增加，在高含水率时，5s 与 15s 入土深度最大差值可达 2mm，但低含水率时差值较小，一般在 0.5mm 以下，由此引起的含水率差值并不太大（因 $\lg w$ - $\lg h$ 直线的斜率大），一般情况下不超过 1%，个别情况略大于 1%，为了尽可能避免不同读数时间对试验结果的影响，规程规定以 5s 为锥体下沉的测读时间标准。

（7）按步骤（4）～（6）测试其余 2 个试样的圆锥入土深度和试样的含水率。

（8）以含水率为横坐标，以圆锥入土深度为纵坐标，在双对数坐标纸上绘制 $\lg w$ - $\lg h$ 关系曲线。三点连一直线（图 1-7 中的 A 线）。当三点不在一条直线上时，通过高含水率的一点与其余两点连成两条直线，在圆锥入土深度为 2mm 处查得相应的含水率，当两个含水率的差值不超过 2% 时，将该两点含水率的平均值与高含水率的点连成一线（图 1-7 中的 B 线）；当两个含水率的差值超过 2% 时，应重新调土做试验。

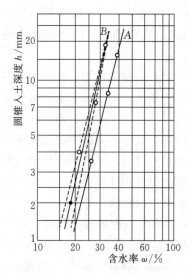

图 1-7 圆锥入土深度与
含水率关系图[1]

《公路土工试验规程》（JTG 3430—2020）规定：当三点不在一条直线上时，通过高含水率的一点与其余两点连成两条直线，根据液限，在 h_P - ω_L 关系曲线图（图 1-2）上查得塑限入土深度 h_P，再在入土深度与含水率关系图的两条直线上查出 h_P 对应的含水率，当两个含水率的差值小于 2% 时，应将该两点含水率的平均值与高含水率的点连成一线（图 1-7 中的 B 线）；当两个含水率的差值不小于 2% 时，应补做试验。

（9）由圆锥入土深度与含水率关系图查得入土深度为 17mm 所对应的含水率为 17mm 液限，入土深度为 10mm 所对应的含水率为 10mm 液限，入土深度为 2mm 所对应的含水率为塑限，以百分数表示，准确至 0.1%。《公路土工试验规程》（JTG 3430—2020）规定：根据液限，在 h_P - ω_L 关系曲线图（图 1-2）上查得塑限入土深度 h_P，h_P 在图 1-7 中的 B 线上对应的含水率为塑限。

（10）液塑限联合测定法试验记录表见表 1-1。

二、碟式液限仪法

用碟式液限仪法进行液限试验应按下列步骤进行：

（1）取过 0.5mm 筛的土样（天然含水率的土样或风干土样均可）约 100g，放在调土皿中，按需要加纯水，用调土刀反复拌匀后静置湿润 12h 以上。

表 1 - 1　　　　　　　　　　　液塑限联合测定法试验记录表

任务单号				试验者		
试验日期				计算者		
天平编号				校核者		
烘箱编号				液塑限联合测定仪编号		

试样编号	圆锥入土深度 /mm	盒号	湿土质量 m_0 /g	干土质量 m_d /g	含水率 /%	液限 ω_L /%	塑限 ω_P /%	塑性指数 I_P

（2）取一部分试样，平铺于土碟的前半部。铺土时应防止试样中混入气泡。用调土刀将试样面修平，使最厚处为 10mm，多余试样放回调土皿中。用划刀经蜗形轮中心自后至前沿土碟中央将试样划成槽缝清晰的两半［图 1 - 8（a）］。为避免槽缝边扯裂或试样在土碟中滑动，允许从前至后，再从后至前多划几次，将槽逐步加深，以代替一次划槽，最后一次从后至前的划槽能完全接触碟底，但应尽量减少划槽的次数。

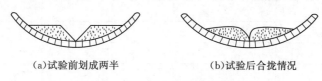

（a）试验前划成两半　　　　　　（b）试验后合拢情况

图 1 - 8　划槽及合拢状态示意图[1]

（3）以 2r/s 的速率转动摇柄，使土碟反复起落，坠击于底座上，数记击数，直至试样两边在槽底的合拢长度为 13mm 为止［图 1 - 8（b）］，记录击数，并在槽的两边各取一个试样测定其含水率，采取的含水率试样质量不少于 10g。

英国《土木工程土工试验方法》（BS 1377 - 2—1990）规定，如合拢处不连续而有中断现象，要继续摇至连续的合拢长度达 13mm 为止。产生这种现象，很可能是由于试样未充填均匀或碟磨损严重，而不是试样性质造成的。

（4）将土碟中的剩余试样移至调土皿中，再加水彻底拌和均匀，应按步骤（2）～（3）规定至少再做两次试验。这两次试样的稠度应使合拢长度为 13mm 时所需击数为 15～35 次，其中 25 次以上及以下都应包含一个试样。然后测定各击次下试样的相应含水率。

（5）各击次下合拢时试样的相应含水率应按下式计算：

$$\omega_N = \left(\frac{m_N}{m_d} - 1\right) \times 100 \qquad (1-6)$$

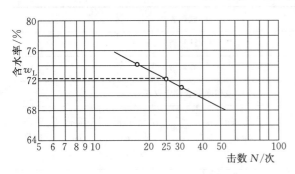

图1-9 击数与含水率关系曲线[16]

式中 ω_N ——N 击下试样的含水率，%；

m_N ——N 击下试样的质量，g；

m_d ——N 击下试样烘干后的质量，g。

（6）根据试验结果，以含水率为纵坐标，以击数为横坐标，在半对数坐标上绘制击数与含水率关系曲线（图1-9），查得曲线上击数25次所对应的含水率即为该试样的液限。

（7）碟式液限仪法液限试验记录格式见表1-2。

表 1-2   碟式液限仪法液限试验记录表

任务单号			试验者	
试验日期			计算者	
天平编号			校核者	
烘箱编号			仪器编号	

试样编号	击数	盒号	湿土质量/g	干土质量/g	含水率/%	平均含水率/%	液限/%

三、搓滚法塑限试验

搓滚法塑限试验应按下列步骤进行：

（1）取过 0.5mm 筛的代表性风干土样约 100g，加纯水拌和，静置浸润 12h 以上。

（2）将试样在手中捏揉至不黏手，捏扁出现裂缝时，表示含水率已接近塑限。

（3）取接近塑限的试样一小块，先手用捏成纺锤形，然后再用手掌在毛玻璃板上轻轻搓滚。搓滚时手掌均匀施加压力于土条上，不得使土条在毛玻璃板上无力滚动，土条不得有空心现象，土条长度不宜大于手掌宽度。

关于滚搓工具，有的单位经过实践认为毛橡皮板同样能得出满意的结果，在无毛玻璃板的情况下，也允许用毛橡皮板。

（4）当将土条搓成直径 3mm 时，土条产生裂缝，并开始断裂，表示试样含水率达到塑限；当不产生裂缝及断裂时，表示这时试样的含水率高于塑限。当土条直径大于 3mm 时即断裂，表示试样含水率小于塑限，应弃去，重新取土试验。若土条在任何含水率下始终搓不到 3mm 即开始断裂，则该土无塑性。

国内外在测定塑限的规定中，搓条方法不尽相同，土条断裂时的直径多数采用 3mm，我国历次规程均采用 3mm。关于滚搓速度，各国均无具体要求，美国《液塑限和塑性指数试验方法》（ASTM D 318—17）规定搓滚速度为 80～90 次/min；英国《土木工程土工试验方法》（BS 1377－2—1990）规定，手指的压力必须使滚搓 5～10 个往返后，土条直径由 6mm 减至 3mm，高塑性黏土则允许往返 10～15 次。对于某些低液限砂类土，始终搓不到 3mm，可认为塑性极低或无塑性，可按极细砂处理。

（5）取直径 3mm 时断裂的土条 3～5g，放入称量盒内，盖紧盒盖，测定含水率。此含水率即为塑限。

（6）塑限应按式（1-7）计算，计算至 0.1%。

$$\omega_P = \left(\frac{m_0}{m_d} - 1\right) \times 100 \qquad (1-7)$$

式中　ω_P——试样的塑限，%；

　　　m_0——湿土质量，g；

其余各符号意义同前。

（7）试验应进行两次平行测定，两次测定的含水率最大允许差值应符合下述规定：当含水率小于 10% 时，最大允许平行差为 ±0.5%；当含水率为 10%～40% 时，最大允许平行差为 ±1.0%；当含水率大于 40% 时，最大允许平行差为 ±2.0%。

（8）试验的记录格式见表 1-3。

表 1-3　　　　　　　　搓滚法塑限试验记录表

任务单号		试验者	
试验日期		计算者	
天平编号		校核者	
烘箱编号			

试样编号	盒号	湿土质量 /g	干土质量 /g	含水率 /%	平均含水率 /%	液限 /%

第五节　成　果　应　用

液塑限试验成果主要用于细粒土的工程分类及物理状态鉴别、确定地基承载力，具体应用方法如下。

1. 用于细粒土的工程分类

根据土的液限和塑限，按式（1-8）计算土的塑性指数，并按塑性图（图 1-10）进行细粒土的工程分类［具体分类方法参阅《土的工程分类标准》（GB/T 50145—2007）］。

$$I_P = (\omega_L - \omega_P) \times 100 \qquad (1-8)$$

式中　I_P ——土的塑性指数；

其余各符号意义同前。

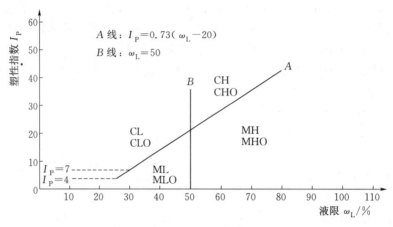

图 1-10　塑性图[2]

2. 用于细粒土的物理状态鉴别

根据土的含水率和塑性指数，按式（1-9）计算土的液性指数，《建筑地基基础设计规范》（GB 50007—2011）按照液性指数对细粒土进行物理状态分类，具体见表 1-4。

$$I_L = \frac{\omega - \omega_P}{\omega_L - \omega_P} \qquad (1-9)$$

式中　I_L ——土的液性指数；

其余各符号意义同前。

表 1-4　　　　　　　　　　　细 粒 土 的 物 理 状 态

I_L	$I_L \leqslant 0$	$0 < I_L \leqslant 0.25$	$0.25 < I_L \leqslant 0.75$	$0.75 < I_L \leqslant 1.0$	$I_L > 1.0$
物理状态	坚硬	硬塑	可塑	软塑	流塑

注　此表为《建筑地基基础设计规范》（GB 50007—2011）中细粒土的物理状态鉴别方法。

3. 确定地基承载力

根据土的液性指数和其他指标确定地基承载力，如《公路桥涵地基与基础设计规范》（JTG 3363—2019）规定，可根据土的液性指数和孔隙比 e 确定地基承载力，见表 1-5 和表 1-6。其他行业和地方规范中也有类似确定地基承载力的方法，读者可自行查阅。

表 1-5　　　　　　　　　　一般黏性土地基承载力特征值 f_{a0}　　　　　　　　　单位：kPa

e	I_L												
	0	0.1	0.2	0.3	0.4	0.5	0.6	0.7	0.8	0.9	1.0	1.1	1.2
0.5	450	440	430	420	400	380	350	310	270	240	220	—	
0.6	420	410	400	380	360	340	310	280	250	220	200	180	—

e	I_L												
	0	0.1	0.2	0.3	0.4	0.5	0.6	0.7	0.8	0.9	1.0	1.1	1.2
0.7	400	370	350	330	310	290	270	240	220	190	170	160	150
0.8	380	330	300	280	260	240	210	210	180	160	150	140	130
0.9	320	280	260	240	220	210	190	180	160	140	130	120	100
1.0	250	230	200	210	190	170	160	150	140	120	110	—	—
1.1	—	—	160	150	140	130	120	110	100	90	—	—	—

注　1. 土中粒径大于 2mm 的颗粒质量超过总质量 30% 以上者，f_{a0} 可适当提高。

2. 当 $e<0.5$ 时，取 $e=0.5$；当 $I_L<0$ 时，取 $I_L=0$。此外，超过表列范围的一般黏性土，$f_{a0}=57.22E_s^{0.57}$，其中，E_s 为土的压缩模量。

3. 一般黏性土地基承载力特征值 f_{a0} 取值大于 300kPa 时，应有原位测试数据作依据。

表 1-6　　　　　　　　　新近沉积黏性土地基承载力特征值 f_{a0}　　　　　单位：kPa

e	I_L		
	$\leqslant 0.25$	0.75	1.25
$\leqslant 0.8$	140	120	100
0.9	130	110	90
1.0	120	100	80
1.1	110	90	—

第二章　固结（压缩）试验

第一节　概　述

修建建筑物之前，地基土体承受自重应力作用，正常固结土和超固结土在自重应力作用下已变形稳定，而欠固结土在自重应力作用之下会产生变形。修建建筑物之后，除自重应力外，地基土体还会承受由建筑物荷载产生的附加应力作用，在附加应力作用下，地基土会发生变形。土体变形可分为体积变形和形状变形，体积变形一般由正应力引起（对于土体，剪应力也会导致土体产生体积变形，如土体的剪胀和剪缩；另外，有些特殊土如湿陷性黄土、膨胀土、冻土等，含水率或温度变化也会产生体积变形），而形状变形由剪应力引起。在工程上常遇到的应力范围内，土体中土粒和孔隙水的体积变形可忽略不计，故通常认为土体的体积变形完全是土中孔隙体积减小的结果。对于饱和土体来说，孔隙体积减小则意味着孔隙水向外排出，而孔隙水的排出速率与土的渗透性有关，因此在一定的应力作用下，土体的体积变形是随着时间推移而增长的。非饱和土的体积变形通常由孔隙中气体的排出和（或）压缩以及孔隙水排出共同引起。土体在外力作用下体积减小的现象称为压缩，土体在外力作用下体积随时间变化的过程称为固结。

在三维变形条件下，饱和土地基受荷载作用产生的总沉降量 S_t 由瞬时沉降 S_i、主固结沉降 S_c 和次固结沉降 S_s 等三部分组成：

$$S_t = S_i + S_c + S_s \tag{2-1}$$

瞬时沉降 S_i 是指建筑物荷载施加后立即发生的沉降。对于饱和黏性土来说，加载瞬间孔隙水来不及排出，且土中的水和土粒是不可压缩的，因而瞬时沉降是在没有体积变形的条件下发生的，它是由于土体的侧向变形引起的，是剪切变形引起的形状改变。而非饱和土地基的瞬时沉降除了由侧向变形引起外，孔隙气体的排出和（或）压缩也会产生瞬时沉降，因此存在体积变形。如果饱和土体处于无侧向变形条件下，则可以认为 $S_i = 0$。

主固结沉降 S_c 是指土体固结过程中产生的沉降，是土体沉降的主要部分。地基土在建筑物荷载作用下将产生超静孔隙水压力，荷载施加后，随着时间的延长，土体中的超静孔隙水压力逐渐消散，有效应力逐渐增加，此过程即为土体的固结（或称为主固结）。

此外，土体主固结沉降完成之后，在有效应力不变的情况下，还会随着时间的增长进一步产生沉降，这就是次固结沉降 S_s（亦有理论认为主固结过程中也会产生次固结沉降）。次固结沉降产生的机理是：黏土颗粒表面的吸着水膜受到压力作用后，离土粒表面较远的弱吸着水逐渐转化为自由水，使吸着水膜不断变薄，从而引起土体体积减小。次固结沉降对某些土如软黏土是比较重要的；对于坚硬土或超固结土，这一分量相对较小。

为了研究土体的沉降及沉降随时间的发展规律，需要研究土体的压缩及固结特性，为此设计了一维压缩（固结）试验。压缩试验测定土体在压力作用下的体积压缩特性，土体的压缩性就是土体孔隙体积随压力的增加而减小的特性。压缩试验成果一般整理成 $e - p$ 曲线或 $e - \lg p$ 曲线，所得的指标如压缩系数、压缩指数等用以判断土的压缩性大小、计算建筑物基础沉降和地基压缩变形量。固结试验则获得某固定压力作用下土体体积随时间变化的过程。在一维固结试验中，根据试验结果，并采用太沙基一维固结理论分析计算得到固结系数 c_v，用以计算土体达到某固结度所需要的时间；也可分析在一定工期内，土体实际完成的沉降量和还没有完成的工后沉降。

第二节　试　验　原　理

一、压缩试验

在实验室用固结仪（压缩仪）进行压缩试验来测定土的压缩变形特性。试验时，将试样安装在没有侧向变形的压缩容器内，分级施加垂直压力且在每级垂直压力作用下让试样压缩稳定。试验所用的压缩容器可确保试样在试验过程中不产生侧向变形。压缩试验过程中，试样所受外力、产生的变形和试样排水都只在竖直方向，因此属于一维变形问题。试样厚度较小，可忽略试样侧壁与环刀间的摩擦作用，故试样内部任一水平面所受的法向应力与外加压力相等，而其竖直面所受的法向应力即侧向应力大小与土的特性有关。压缩试验过程中，在某竖向应力作用下压缩稳定后的侧向压力与竖向应力之比为土的侧压力系数 K_0，即

$$\sigma_x' = \sigma_y' = k_0 \sigma_z' \tag{2-2}$$

按照图 2-1，试样在竖向荷载增量 Δp 作用下压缩稳定后产生的压缩量为 S，试样的孔隙比从 e_0 变化到 e_1。可以推导得到如下的单向压缩量公式：

$$S = \frac{e_0 - e_1}{1 + e_0} H = -\frac{\Delta e}{1 + e_0} H \tag{2-3}$$

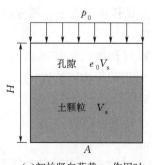
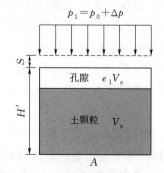

（a）初始竖向荷载 p_0 作用时　　　　（b）竖向荷载增量 Δp 作用时

图 2-1　无侧向变形条件下土体受竖向荷载作用时的压缩变形示意图[15]

式中　S——试样在 Δp 作用下的压缩量，cm；

　　　H——试样在 Δp 施加前的厚度，cm；

　　　e_0——试样厚为 H 时的孔隙比；

　　　e_1——试样在 Δp 作用下压缩稳定后的孔隙比；

　　　Δe——试样在 Δp 作用下压缩稳定后的孔隙比改变量，即 $\Delta e = e_1 - e_0$。

　　在压缩试验过程中，实际上是测量出试样在 Δp 作用下的压缩变形量 S，这时，由式（2-3）可得试样在竖向荷载 $p_0 + \Delta p$ 作用下压缩稳定后的孔隙比 e_1，表达式为

$$e_1 = e_0 - \frac{S}{H}(1 + e_0) \qquad (2-4)$$

　　由式（2-4）可知，只要知道试样在初始条件下，即 $p_0 = 0$ 时的高度 H_0 和初始孔隙比 e_0，就可以计算出每级荷载 p_i 作用下压缩稳定后的孔隙比 e_i。进而由（e_i，p_i）绘出土体的 $e\text{-}p$ 曲线（图 2-2）或 $e\text{-}\lg p$ 曲线（图 2-3）。

　　而试样的初始孔隙比 e_0，可以通过测试试样的密度 ρ、含水率 ω 和土粒比重 G_s 得到：

$$e_0 = \frac{\rho_w G_s (1 + 0.01\omega)}{\rho} - 1 \qquad (2-5)$$

式中　ρ_w——水的密度，g/cm^3。

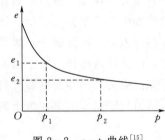
图 2-2　$e\text{-}p$ 曲线[15]

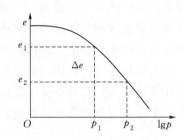
图 2-3　$e\text{-}\lg p$ 曲线[15]

二、固结试验

　　在实验室固结试验用固结仪来进行，实际上，固结试验与压缩试验在实验室是同时完成的。由于固结试验研究饱和土的固结特性，因此，做固结试验时需要对试样进行饱和，并在试验过程中使试样一直处于饱和状态。试验时将试样安装在没有侧向变形的固结容器内，对试样施加垂直压力，在固结容器周围加水至试样顶面以上，测定试样在恒定的压力作用下固结变形量随时间的变化规律。

　　若一试样承受竖向压力 p 作用，自 p 施加瞬间开始至某一时刻 t，试样的变形量为 S_t，试样变形时程曲线见图 2-4。定义试样在 t 时刻的平均固结度

$$U = S_t / S \qquad (2-6)$$

式中　S_t——t 时刻试样的变形量，cm；

　　　S——试样压缩稳定后的最终变形量，cm。

　　根据太沙基一维固结理论的基本假定得到的固结方程，在试样上下双面排水条件下，试样的平均固结度有如下解答：

$$U = f(T_v) = 1 - \frac{8}{\pi^2} \sum_{m=1}^{\infty} \frac{1}{m^2} e^{-\left(\frac{m\pi}{2}\right)^2 T_v} \quad (m = 1, 3, 5 \cdots) \qquad (2-7)$$

$$T_v = \frac{C_v t}{\overline{H}^2} \qquad (2-8)$$

式中　T_v——时间因数；

$\quad\quad C_v$——固结系数，cm^2/s；

$\quad\quad \overline{H}$——试样最大排水距离，cm。

固结试验的目的就是得到式（2-8）中的固结系数。根据平均固结度与时间因素的理论关系，求土体固结系数的方法有时间平方根法和时间对数法两种，其原理如下。

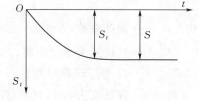

图 2-4　试样固结过程沉降时程曲线[15]

1. 时间平方根法

根据式（2-7），在 $U\text{-}\sqrt{T_v}$ 坐标系中，可以绘出如图 2-5 所示曲线。

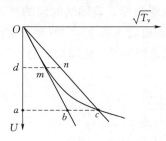

图 2-5　$U\text{-}\sqrt{T_v}$ 理论关系曲线[15]

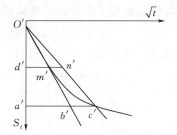

图 2-6　$S_t\text{-}\sqrt{t}$ 试验曲线[15]

在图 2-5 所示的坐标系中，在 $U<53\%$ 的范围内，$U\text{-}\sqrt{T_v}$ 的关系曲线近似为一直线，将直线延长，交 $U=90\%$ 的水平线 ac 于 b 点。据 $U\text{-}\sqrt{T_v}$ 的理论关系可以证明：

$$\frac{\overline{ac}}{\overline{ab}} = 1.15 \qquad (2-9)$$

过 $U=0$ 的 O 点，连接 Oc，作平行于 $\sqrt{T_v}$ 轴的任一水平线 dmn，分别交 Ob 线和 Oc 线于 m、n 点，根据相似三角形的几何定律必然有以下关系：

$$\frac{\overline{dn}}{\overline{dm}} = \frac{\overline{ac}}{\overline{ab}} = 1.15 \qquad (2-10)$$

根据平均固结度的定义式（2-6），平均固结度 U 与试样的沉降量 S_t 成正比；根据时间因素的定义式（2-8），时间因素 T_v 与达到沉降量 S_t 所需时间 t 成正比。因此，由固结试验中测得的数据（t，S_t）可绘出类似于图 2-5 所示的曲线（图 2-6）。在图 2-6 的 $S_t\text{-}\sqrt{t}$ 坐标系下，若固结过程中 $S_t\text{-}\sqrt{t}$ 曲线符合太沙基固结理论，则曲线前段为直线，任作一水平线 $d'm'n'$，交直线 $O'b'$ 于 m' 点，延长 $d'm'$ 至 n'，令 $\dfrac{\overline{d'n'}}{\overline{d'm'}} = 1.15$，连接直线 $O'n'$ 并延长交 $S_t\text{-}\sqrt{t}$ 曲线于 c' 点。按照太沙基一维固结理论，则 c' 点必为固结度为 90% 的点，其坐标为 $(S_{90}, \sqrt{t_{90}})$，从而得到对应平均固结度为 90% 的固结时间 t_{90}。由式（2-7）可得 $U=90\%$ 时，对应的时间因素 $T_v=0.848$。由固结试验成果绘制图 2-6 所示曲线并得到固结度 90% 对应的时间 t_{90}，由式（2-8）得到固结系数计算公式如下：

$$C_v = \frac{0.848\overline{H}^2}{t_{90}} \tag{2-11}$$

式中　C_v——固结系数，cm^2/s；

$\quad\quad\overline{H}$——试样最大排水距离，试样单面排水时 $\overline{H}$ 等于试样的厚度，试样双面排水时 $\overline{H}$ 等于试样厚度的一半，cm；

$\quad\quad t_{90}$——固结度为 90% 时所对应的时间，s。

由式（2-11）计算固结系数的方法，由于要作 S_t-$\sqrt{t}$ 曲线图，因此称为时间平方根法。

2. 时间对数法

对于式（2-7）的理论关系，若以平均固结度为纵坐标，以时间因素 T_v 的对数为横坐标，将得到如图 2-7 所示的 U-$\lg T_v$ 的理论曲线。然后，由于 U 与沉降 S 成正比，时间因素与固结时间 t 成正比，将试验结果以试样变形为纵坐标，以固结时间的对数 $\lg t$ 为横坐标，在半对数纸上绘制 S-$\lg t$ 曲线（图 2-8）。该曲线与图 2-7 的理论曲线相似，首段部分近似抛物线，中间段近似一直线，末端部分随着固结时间的增加而趋于一直线。

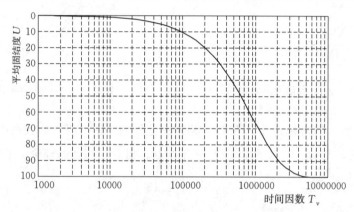

图 2-7　平均固结度 U 与时间因数对数关系曲线

在 S-$\lg t$ 曲线的开始段抛物线上，任选一个时间点 t_1，相对应的变形为 S_1，再取时间 $t_2 = t_1/4$，相对应的变形为 S_2，则 $2S_2 - S_1$ 即为固结度 $U=0\%$ 的理论零点 S_{01}；另取其他时间按同样方法求得三次不同的 S_{02}、S_{03}、S_{04}，取四次理论零点的平均值作为平均理论零点 S_0。延长曲线中部的直线段，其与通过曲线尾部切线的交点即为 $U=100\%$ 的理论终点 S_{100}。则 $U=50\%$ 所对应的变形 $S_{50} = (S_0 + S_{100})/2$，通过 S_{50} 画水平线交图 2-8 的试验曲线上的点对应的时间为 $U=50\%$ 的时间 t_{50}。根据式（2-7），可得对应于 $U=50\%$ 的时间因数 $T_v=0.197$。则某级压力下的竖向固结系数 C_v 可按式下式计算：

$$C_v = \frac{0.197\overline{H}^2}{t_{50}} \tag{2-12}$$

式中　t_{50}——平均固结达 50% 所需的时间，s；

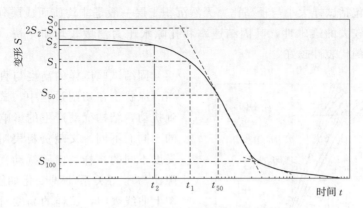

图 2-8　时间对数法确定固结系数示意图

其余符号意义同前。

由于时间平方根法作图过程比较简单，对曲线尾部要求也比时间对数法低，故在实际中多采用时间平方根法求解固结系数。

第三节　试　验　仪　器

压缩（固结）试验的主要试验仪器为固结仪（也称压缩仪），其整体结构如图 2-9 所示。不同型号仪器的最大压力不同，一般分轻便固结仪（最大压力 400kPa）、中压固结仪（最大压力 800kPa）和高压固结仪（最大压力 1600kPa 或 3200kPa）三类。

固结仪的主要组成如下。

1. 固结容器

固结容器结构如图 2-10 所示，由水槽、护环、环刀、透水板、加压上盖和量表架等组成。

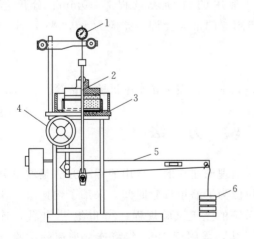

图 2-9　固结仪整体结构示意图[14]

1—竖向位移百分表；2—加压桁架；3—固结容器；

4—平衡转轮；5—杠杆；6—砝码

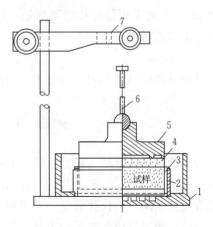

图 2-10　固结容器结构示意图[14]

1—水槽；2—护环；3—环刀；4—透水板；

5—加压上盖；6、7—量表架

试样尺寸包括试样大小与径高比。天然沉积土层一般是非均质而成层分布的。这种土在水平方向有较大的透水性，其固结速率和孔隙水压力消散较均质土快。因此，试样越大，所得成果的代表性越好。

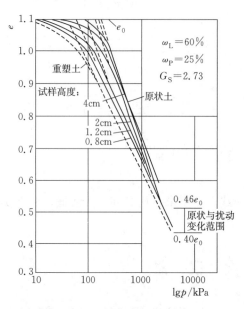

图 2-11　不同扰动程度试样的
室内压缩曲线[15]

固结试验试样的高度与直径选择必须适当。原状土在切削过程中，试样的结构会受到扰动，结构扰动产生的影响随试样径高比的不同而不同。文献资料表明，直径相等但高度不同的试样，由于扰动程度不同，其孔隙比与压力关系曲线变化如图 2-11 所示。图上曲线表明，试样的高度对试验成果有影响，也说明扰动对试验成果有影响，所以固结试样的径高比有一定的规定。

2. 加压设备

固结试验的加压设备分为杠杆式和气压（液压）两类。杠杆式固结仪采用杠杆原理，可采用量程为 5～10kN 的杠杆、磅秤或其他加压设备加压，其最大允许误差应符合现行国家标准《土工试验仪器固结仪　第 1 部分：单杠杆固结仪》（GB/T 4935.1）的有关规定；气压是固结仪采用气压（或液压）通过活塞对试样加压，其最大允许误差应符合现行国家标准《土工试验仪器固结仪　第 2 部分：气压式固结仪》（GB/T 4935.2）的有关规定。

3. 变形测量设备

固结试验变形测量一般采用百分表，常用的百分表量程为 10mm、分度值为 0.01mm。也可采用位移传感器测量，位移传感器的最大允许误差应为 ±0.2% F.S（full scale，即满量程）。

4. 其他设备

其他设备包括刮土刀、切土刀、钢丝锯、天平、秒表、含水率试验设备等。

第四节　试　验　方　法

土的固结试验方法是根据太沙基的一维固结理论建立的，常用的标准方法是增量分级加荷法。从 20 世纪 50 年代开始，我国一些单位为了缩短试验时间，采用了快速法，这种方法理论依据不足，仅作为一种方法列入各系统的土工试验规程。20 世纪 80 年代，连续加荷的试验研究取得了长足的发展，逐渐标准化，美国于 1983 年将连续加荷的试验方法列入 ASTM 标准中。本书仅介绍标准固结试验方法，快速固结试验方法和连续加载固结试验方法可参阅相关资料。

标准固结试验应按下列步骤进行。

1. 试样准备

（1）制取环刀试样，根据试验操作，制样方法一般分两种：环刀切取式和环刀填入式。

1）环刀切取式制样方法。此种方法适用于原状土和击实法制备的重塑土样。取环刀，在环刀内壁涂一薄层凡士林或硅油，刃口向下放于备好的土样上端，用两手将环刀竖直地下压，再用切土刀修削土样外侧，边压边削，直到土样突出环刀上部为止。然后将上、下两端多余的土削至与环刀平齐。当切取原状土样时，应与天然状态时垂直方向或水平方向一致。

环刀内壁涂凡士林的目的是减小环刀侧壁与土样间的摩擦，尽量减小切样过程对试样的扰动。环刀与试样侧面之间的摩擦是固结试验的主要误差，这种摩擦抵消了试样上所加荷载的一部分，使试样上实际受到的有效压力减少。为了减小摩擦，除规定一定的径高比外，常用的方法是在环刀内壁涂润滑材料，较多的是涂凡士林；另外可以用浮动式容器代替固定式容器，浮动式容器中的试样是由上下两端向中部压缩，而固定式容器中的试样是由上向下压缩，当试样高度相同时，浮动式容器的环壁摩擦力较固定式小 50%。切取原状土样时，应使环刀垂直均匀压入土样中，否则试样与环刀壁间会出现空隙，影响试验结果的准确性。

2）环刀填入式制样方法。此种方法适用于击样法、压样法制备的重塑样和调成一定含水率的模拟吹填土充填试样。

击样法的具体操作为：根据环刀的容积和试样的密度计算所需土样的质量，再称量相应质量的土样并倒入装有环刀的击样器中，用击锤击实到预定体积后取出环刀，称量总质量并计算试样的实际密度（试样的实际密度与制备标准之差应为 $\pm 0.02 \text{g/cm}^3$）。

压样法的具体操作为：采用与击样法相同方法计算和称量所需土样的质量，倒入装有环刀的压样容器中，采用静力将土压实到预定的体积后取出环刀，称量总质量并计算试样的实际密度。

而对于吹填土，其含水率不宜超过 1.2～1.3 倍液限，将土样与水拌和均匀，在保湿器内静置 24h。然后把环刀刃口向上倒置于玻璃板上，用调土刀把土膏填入环刀，排除气泡刮平，完成试样制备。若试样为不可预先成型的超高含水率吹填土，如按上述填入式法制样，会在装样过程中引起土体溢出，影响试验操作。因此建议将环刀按照试样安装方法就位后，根据饱和土密度计算装入环刀的土量，将土膏直接填入已安置在固结容器的环刀中。

（2）擦净粘在环刀外壁上的土屑，测量环刀和试样总质量，扣除环刀质量，计算得到试样质量，根据试样体积计算试样初始密度；并用试验余土测定试样含水率。扰动土试样需要饱和时，可采用抽气饱和法。

2. 试样安装

在固结容器内放置护环、透水板和薄滤纸，将带有环刀的试样小心装入护环（环刀刃口朝下），然后在试样上放薄滤纸、透水板和加压盖板，置于加压框架下，对准加压框架的正中。

试样为饱和土时，上、下透水石应事先浸水饱和；对于非饱和状态的试样，透水石湿度尽量与试样湿度接近，可在试验前将透水石埋入与试样含水率相同的土中24h，使透水石与试样湿度接近。

3. 安装量表

固结试验的测量量表为竖向压缩变形量测量量表，通常为百分表。为了保证百分表读数为试样的压缩变形量，必须保证试样与仪器上下各部件之间接触良好。采用的方法是在试样上施加1kPa的预压力，然后固定并调整量表，使读数初值为大于0的某个值（由于试样固结过程中变形量表的读数值是逐渐变小的，故试验前调整量表的读数初值接近满量程）。

4. 逐级加压

按照确定的压力等级，对试样施加各级压力。在每一级压力作用下，试样压缩稳定后再施加下一级压力。规范规定压缩试验的加荷率为1，即加压等级宜为12.5kPa、25kPa、50kPa、100kPa、200kPa、400kPa、800kPa、1600kPa、3200kPa。每级荷载作用的变形稳定标准为最后1h试样压缩量小于等于0.01mm，或固定每级荷载作用24h。最后一级压力应大于试样所在土层自重应力与附加应力之和100~200kPa。

第1级压力的大小视土的软硬程度确定，宜采用12.5kPa、25.0kPa或50.0kPa（第1级实加压力应减去预压压力）。只需测定压缩系数时，最大压力不小于400kPa。对于饱和试样，在施加第1级压力后，立即向水槽中注水至试样顶面以上；对于非饱和试样，须用湿棉纱围住加压盖板四周，避免试样内水分蒸发。

5. 确定前期固结应力时的加荷等级

需要确定原状土的前期固结应力时，在前期固结应力预估值附近，加荷率宜小于1，可采用0.5或0.25。最后一级压力应使e-$\lg p$曲线下段出现较长的直线段。

加荷率即加荷等级。按压缩试验结果计算的沉降量一般与实测的沉降量相差较大，这是由一维压缩量计算模型和应力采用弹性理论计算，与实际情况有所差异，以及取样和制样过程中土样结构受到不同程度扰动等原因引起。在现场建筑物施工过程中，传给地基内各部位的压力一般是比较缓慢的，而试验室里的固结压力则是很快地传递到试样上，加荷率小，则压缩作用进行得缓慢，对土的结构破坏较小，且其结构强度得以部分恢复，因而沉降量小；反之，快速加荷或加荷率大必然会得到较大的沉降值。对于塑性指数较大的黏土或结构强度小密度低的软土，这种现象尤为明显。

加荷率增大，压缩系数和固结系数也随之增大。为了研究这些关系，比较了不同加荷率时土的压缩性变化，从比较试验中得知：土的塑性指数越小，加荷率对试验成果影响就越小，反之则越大。研究结果还表明，只有加荷率较大时才会出现与太沙基理论相一致的固结曲线。我国的固结试验标准中，加荷率规定为1。当然也允许按设计要求，模拟实际施工中的加荷情况做适当的调整。加荷率小时，对试样的扰动影响小，在e-$\lg p$曲线上，容易得到比较完整的从超固结状态变化到正常固结状态的曲率较小的转弯段，因而能比较准确地按照Casagrande经验图解法确定前期固结应力。因此，在需要确定原状土的前期固结应力时，要求在前期固结应力附近，加荷率小于1，一般取0.5或0.25。

6. 确定固结系数

当需要确定某级荷载作用下试样的固结系数时，需测定试样在该级压力作用下固结沉降过程。因此，需要在固结压力作用在试样上时，测定不同时刻试样的变形量。《土工试验方法标准》（GB/T 50123—2019）规定加压后宜按下列时间顺序测记量表读数：$6''$、$15''$、$1'$、$2'15''$、$4'$、$6'15''$、$9'$、$12'15''$、$16'$、$20'15''$、$25'$、$30'15''$、$36'$、$42'15''$、$49'$、$64'$、$100'$、$200'$、$400'$、23h 和 24h，至稳定为止。

7. 加荷历时和稳定标准

固结试验过程中，每级荷载作用下变形达到稳定的时间取决于试样的透水性和流变性质，土样的黏性越大，达到稳定所需的时间越长。某些软黏土要达到完全稳定，需要几天甚至几周时间，这是因为黏性土在压力作用下产生的体积变化由两部分组成：一部分是由于有效应力增加产生的，称为主固结；另一部分是在不变的有效应力作用下产生的，称为次固结。不同的稳定时间会得到形态不同的压缩曲线。试验结果表明：不同加荷历时的压缩曲线近似地平行，说明加荷历时不同，得出的压缩指数基本一致，但得到的前期固结应力是不相同的。以往我国规范对稳定标准有不同的规定，现在虽然规定了以 24h 作为稳定标准，但仍有不同的看法，尤其是生产试验单位认为 24h 太长，故《土工试验方法标准》（GB/T 50123—2019）还介绍了"快速固结试验"每级加荷 1h 的方法及其固结变形修正计算方法。

8. 卸荷与再加荷

为获得 $e\text{-}\lg p$ 曲线中的卸荷再加荷曲线，需要对试样做回弹试验。可在某级压力（大于上覆有效压力和前期固结应力两者中的最大者）下固结稳定后逐级卸荷，每级卸荷大小与加荷数值相同，直至卸至第 1 级加载的压力。每次卸压后的回弹稳定标准与加压相同，并测记每级压力的回弹量。然后再按照相同的加荷率，对试样逐级加荷至最大压力值。

9. 次固结系数测定

若需要用固结试验的方法确定不同压力作用下试样的次固结系数，需要做次固结变形试验。这时，在每级压力作用下，试样主固结试验完成后，继续延长压缩时间，每天测读 1～2 次试样变形量，直到得到 $e\text{-}\lg p$ 坐标系下较长直线状次固结曲线为止。

10. 试验结束后的工作

固结试验结束后，迅速拆除仪器各部件，取出带环刀的试样。需测定试验后含水率时，则用干滤纸吸去试样两端表面上的水，测定其含水率。

11. 试验记录

试验的记录格式见表 2-1 和表 2-2。

表 2-1   压 缩 试 验 记 录 表

任务单号		试验者	
试样编号		计算者	
试验日期		校核者	
仪器名称及编号			

续表

加压历时	压力/kPa	量表读数/mm	压缩后试样高度 H/mm	仪器变形量/mm	孔隙比 e_i	压缩模量 E_s/MPa	压缩系数 α_v/MPa^{-1}

表 2-2　　　　　　　　　　固 结 试 验 记 录 表

任务单号		试验者	
试样编号		计算者	
取土深度		校核者	
试样说明		试验日期	
仪器名称及编号			

经过时间	( ) kPa		( ) kPa		( ) kPa		( ) kPa	
	时间	量表读数/0.01mm	时间	量表读数/0.01mm	时间	量表读数/0.01mm	时间	量表读数/0.01mm
0								
6″								
15″								
1′								
2′15″								
4′								
6′15″								
9′								
12′15″								
25′								
30′15″								
36′								
42′15″								
49′								
64′								
100′								
200′								
400′								

经过时间	( ) kPa		( ) kPa		( ) kPa		( ) kPa	
	时间	量表读数 /0.01mm	时间	量表读数 /0.01mm	时间	量表读数 /0.01mm	时间	量表读数 /0.01mm
23h								
24h								
总变形量/mm								
仪器变形量/mm								
变形量/mm								

第五节 数 据 处 理

（1）按下列公式计算固结试验各项指标：

1）试样的初始孔隙比 e_0 按式（2-5）计算。

2）各级压力下固结稳定后的孔隙比 e_i 按式（2-4）计算。

3）某一压力范围内的压缩系数 α_v 按下式计算：

$$\alpha_v = \frac{e_i - e_{i+1}}{p_{i+1} - p_i} \times 10^3 \tag{2-13}$$

式中　　α_v——压缩系数，MPa^{-1}；

p_i——单位压力值，kPa。

4）压缩指数 C_c 及回弹指数 C_s 应按下式计算：

$$C_c \text{ 或 } C_s = \frac{e_i - e_{i+1}}{\lg p_{i+1} - \lg p_i} \tag{2-14}$$

式中各符号意义同前。

（2）以孔隙比 e 为纵坐标，以压力 p 为横坐标，绘制孔隙比与固结压力的关系曲线。

（3）按 Casagrande 经验图解法确定原状土的前期固结应力 p_c。

用 Casagrande 图解法求前期固结应力有许多影响因素，首先是 e-$\lg p$ 曲线尚不能完全反映天然土层的压缩特性，因为在自然界，前期固结应力是通过若干年，而不是几小时或几天形成的；其次在钻取土样和试验操作中，对土样的扰动与试验方法等的影响，都是不可忽视的。试验时变形稳定标准不同，可使前期固结应力在较大范围内变化。同时，绘制 e-$\lg p$ 曲线所用比例不同，前期固结压力也有明显的改变。所以用图解法求得的结果并不总是可靠的。要较可靠地求得前期固结压力，需要进一步研究确定天然地层中黏土压缩曲线的方法。

除 Casagrande 经验图解法以外，尚有史默特曼（Schmertmann）法（S 法）和布密斯特（Bunnister）法（B 法），近年来国内有学者提出 f 法、z 法等。

（4）按时间平方根法或时间对数法确定固结系数 C_v。

固结系数的确定方法常用的是时间平方根法和时间对数法。理论上，在同一试验结果中，用不同方法确定的固结系数应该一致，实际上却相差甚远，原因是这些方法利用固结理论与试验的时间和变形关系曲线的形状相似性，以经验配合法，找出在某一固结度下，理论曲线上的时间因数对应于试验曲线上的某一时间值，但实际试验的变形与时间关系曲线的形状因土的性质、状态及受压历史而不同，不可能都得出与固结理论一致的结果。应用时，宜先用时间平方根法求固结系数，如不能准确确定开始的直线段，再用时间对数法。

（5）对于某一压力，以孔隙比 e 为纵坐标、以时间为横坐标绘制 e-$\lg t$ 曲线。主固结结束后试验曲线下部直线段的斜率即为次固结系数。次固结系数应按下式计算：

$$C_a = \frac{\Delta e}{\lg(t_2 - t_1)} \tag{2-15}$$

式中　　C_a——次固结系数；

　　　　Δe——时间 t_1、t_2 对应的孔隙比的差值；

　　　　t_1、t_2——次固结某一时间，min。

第六节　成　果　应　用

固结（压缩）试验成果主要用于推求地基土的现场压缩曲线、计算地基土的固结和变形以及确定地基土的承载力，具体应用方法如下。

1. 推求现场压缩曲线

由压缩试验得到的前期固结应力和土体的有效应力可推求现场压缩曲线。

2. 地基土变形计算

根据压缩试验得到地基土的压缩曲线（e-p 或 e-$\lg p$ 曲线）或压缩性指标（压缩系数、压缩指数及回弹指数），然后根据单向压缩量公式用分层总和法进行地基沉降计算。

3. 地基土固结计算

由固结试验得到固结系数，根据固结理论可计算不同时间土体的固结度或地基达到一定沉降所需要的时间。

4. 确定地基承载力

《公路桥涵地基与基础设计规范》（JTG 3363—2019）规定老黏性土地基承载力特征值可按表 2-3 确定。其他行业和地方规范中也有类似确定地基承载力的方法，读者可自行查阅。

表 2-3　　　　　　　　　　老黏性土地基承载力特征值 f_{a0}

E_s/MPa	10	15	20	25	30	35	40
f_{a0}/kPa	380	430	470	510	550	580	620

第三章 击 实 试 验

第一节 概 述

在填方工程中，为了保证填土有足够的强度、较小的压缩性和渗透性，需要在施工过程中将填土压实，以保证土工建筑物稳定和减少沉降。土的压实是指在一定的含水率下，用人工或机械的方法，减小土中的孔隙，提高土的密实程度。工程施工中，通常用碾压机械对土进行压实，也可以用重锤夯实的方法对土进行压实。室内采用击实试验模拟现场压实机械对土进行压实的过程。在填筑工程中，细粒土的力学性状受干密度的影响显著，提高填土的干密度，能够显著增加填土的强度，降低填土的压缩性和渗透性。在一定压实功作用下，土料能达到的压实程度与土料在压实前的含水率有着非常密切的关系。不同含水率下，土体不但表现出抵抗外力所引起变形能力的不同，而且还表现出不同的被压实性能，即一定压实功作用下所能达到的干密度也不同。

击实试验是模拟填土现场压实条件，在室内采用锤击方法使土体密度增大、强度提高、压缩性变小的一种试验方法。其目的是测定试样在一定击实功（与现场施工机械相匹配）作用下含水率与干密度的关系，以确定土体的最大干密度和最优含水率，为工程设计和施工提供填筑标准和含水率控制范围。

《土工试验方法标准》（GB/T 50123—2019）规定的击实试验方法分轻型击实试验和重型击实试验两种。轻型击实试验时，单位土体承受的击实功为 598J/m³，对应于 80～120kN 压实机械的压实功能。重型击实试验时，单位土体承受的击实功为 2677J/m³，对应于 180～210kN 压实机械或 150kN 振动压实机械的压实功能。近年来，随着压实机械重量不断增大，现场压实土的密度越来越大，要求室内模拟压实的击实功也要不断增大，出现了超重型击实仪。

第二节 试 验 原 理

细粒土的击实曲线如图 3-1 所示。当压实功能和压实方法不变时，压实土的干密度随含水率增加而增加；当干密度达到最大值后，试样含水率继续增加，干密度反而减小。将不同含水率试样在一定压实功压实后的干密度最大值称为最大干密度 ρ_{dmax}，最大干密度对应的含水率称为最优含水率 ω_{op}。在一定压实功作用下，细粒土出现单峰击实（压实）曲线的机理为：在低含水率时，细粒土颗粒表面吸着水膜薄，颗粒之间引力大，外力作用下，颗粒间的相对错动困难，击实时颗粒趋向于形成任意排列，因而干密度较小；当含水率逐渐增大时，颗粒表面吸着水膜逐渐变厚，颗粒间引力逐渐变小，同时吸着水膜的润滑

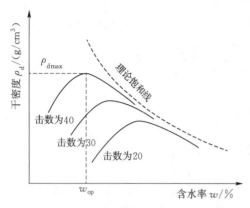

图 3-1 细粒土击实曲线及理论饱和线[15]

作用使颗粒表面摩擦力相应地减小，击实时颗粒间容易错动，颗粒间相互填充和滑移到较密实状态，因而压实后土体干密度较大；但是当含水率达到最优含水率后，若再继续增大含水率，土样内出现大量的自由水和封闭气体，外力功大部分变成孔隙水压力，因而土粒受到的有效击实功减小，压实后土的干密度降低，压实后土体干密度随含水率的增加而减小。

饱和的细粒土由于渗透系数小，在瞬时加载方式的击实（压实）过程中来不及排水，故认为是不可压实的。工程经验表明：欲将填土压实，必须使其含水率降低到饱和度 90% 以下，即要求土体处于三相状态。土在瞬时冲击荷载重复作用下，颗粒重新排列，气相体积减小。当击实（压实）力作用于试样时，首先产生压缩变形；当击实力消失后，试样出现回弹现象。因此，土的压实过程，既不是固结过程，也不同于一般压缩过程，而是土颗粒和粒组在不排水条件下重新组构而使孔隙减小的过程。

第三节 试 验 仪 器

室内击实试验使用的试验仪器主要有以下几种。

1. 击实仪

《土工试验方法标准》（GB/T 50123—2019）中的击实仪分为轻型击实仪和重型击实仪两类（图 3-2），分别提供不同的击实能量，用于轻型和重型击实试验。其击实筒 [图 3-2 (a)、(b)]、击锤 [图 3-2 (c)、(d)]、护筒等主要部件的尺寸见表 3-1。

表 3-1 击实仪主要部件规格表

试验方法	击锤底直径 /mm	击锤质量 /kg	击锤落高 /mm	击 实 筒			护筒高度 /mm
				内径 /mm	筒高 /mm	容积 /cm³	
轻型	51	2.5	305	102	116	947.4	50
重型	51	4.5	457	152	116	2103.9	50

国际上通用的击实标准以普氏（R. R. Proctor）提出的试验方法为基础，由于普氏击实仪的击锤直径比击实筒直径小，因而在击实时锤座可以沿土面移动，对土起揉搓和排气作用，有利于土的密实，也与现场碾压过程类似。各国甚至不同行业标准采用的击实仪器具体尺寸和单位击实功不一致，但一般都与普氏击实仪的功能基本等效。如我国交通行业标准击实仪与国家标准击实仪参数和单位击实功都有差别，交通部的《公路土工试验规

程》(JTG 3430—2020) 中的击实仪参数见表 3-2。目前国内使用定型的击实仪进行的击实试验称为标准击实试验，且增添了电动操作的产品，克服了手动击实劳动强度大的缺点。

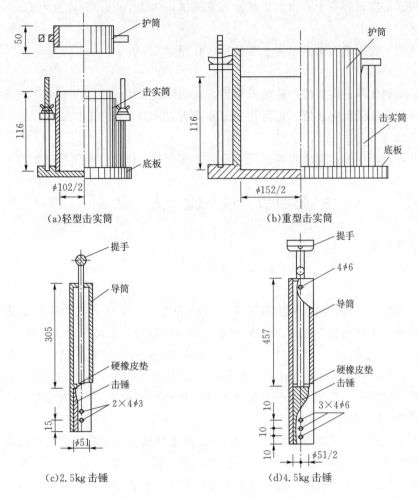

(a)轻型击实筒　　　　　　　(b)重型击实筒

(c)2.5kg击锤　　　　　　　(d)4.5kg击锤

图 3-2　击实筒、击锤构造图[1]

(注：φ152/2 表示半径为 76mm；3×4φ6 表示直径为 6mm 的孔有 4 列，每列 3 个孔)

表 3-2　　　《公路土工试验规程》(JTG 3430—2020) 中击实试验方法种类

试验方法	类别	击锤底直径/cm	击锤质量/kg	击锤落高/cm	试筒尺寸		试样尺寸		层数	每层击数	击实功/(kJ/m³)	最大粒径/mm
					内径/cm	高/cm	高度/cm	体积/cm³				
轻型	I-1	5	2.5	30	10.0	12.7	12.7	997	3	27	598.2	20
	I-2	5	2.5	30	15.2	17.0	12.0	2177	3	59	598.2	40
重型	II-1	5	2.5	45	10.0	12.7	12.7	997	5	27	2687.0	20
	II-2	5	2.5	45	15.2	17.0	12.0	2177	3	98	2687.0	40

2. 天平

天平用于击实试验中试样含水率试验的试样质量测试，称量 200g，分度值为 0.01g。

3. 台秤

台秤用于击实试验备土和击实后试样质量测试，称量 10kg，分度值为 1g。

4. 标准筛

标准筛用于控制击实试验最大土粒粒径，孔径为 20mm、5mm。

5. 试样推出器

击实试验的试样击实完成并称量质量后，宜用螺旋式千斤顶或液压式千斤顶将试样从击实筒中推出。如无此类装置，也可用刮刀和修土刀从击实筒中取出试样。

6. 其他设备

其他设备包括烘箱、喷水设备、碾土设备、盛土器、修土刀和保湿设备等。

第四节 试 验 方 法

一、试样制备

击实试验的试样制备有干法和湿法两种方法。

1. 干法制样

（1）将土样风干后，用四分法取一定量的代表性风干土样，其中小筒所需土样约为 20kg，大筒所需土样约为 50kg，放在橡皮板上用木碾碾散，也可用辗土器碾散。

（2）小筒击实试验时，要求过 5mm 筛；大筒击实试验时，要求过 20mm 筛。将筛下土样拌匀，并测定土样的风干含水率。根据土的塑限预估最优含水率，制备不少于 5 个不同含水率的一组试样（高于和低于最优含水率的试样均不少于 2 个），相邻 2 个试样含水率的差值宜为 2% 左右。

小筒击实试验中，当试样中粒径大于 5mm 的土粒质量小于或等于试样总质量的 30% 时，可直接筛除大于 5mm 的土粒后进行击实试验，得到小于 5mm 试样的最大干密度和最优含水率，再对最大干密度和最优含水率进行校正，校正公式在本章第五节数据处理部分。这是因为：土料中大于 5mm 的颗粒含量占总土量的百分数不大时，大颗粒间的孔隙能被细粒土所充满，因此，可以根据土料中粒径大于 5mm 颗粒含量和该颗粒的饱和面干比重［饱和面干比重指当土粒呈饱和面干状态（土粒内部孔隙含水达到饱和而其表面干燥）时的土粒总质量与相当于土粒总体积的纯水在 4℃时的质量的比值］，用过筛后土料的击实试验结果来推算总土料的最大干密度和最优含水率。如果大于 5mm 的颗粒含量超过 30%，此时大颗粒间的孔隙将不能被细粒土所充满，应使用大的击实筒击实，以单位体积击实功相同为原则相应增加击数、落高或击锤质量。

（3）将一定量土样平铺于不吸水的盛土盘内，其中小型击实筒所需击实的每个试样约为 2.5kg，大型击实筒的每个试样约为 5.0kg，按预定含水率用喷水设备往土样上均匀喷洒所需加水量，拌匀并装入塑料袋内或密封于盛土器内静置备用。静置时间分别为：高液限黏土不得少于 24h，低液限黏土可酌情缩短，但不应少于 12h。

2. 湿法制样

湿法制备试样应取天然含水率的代表性土样，其中小型击实筒所需土样约为 20kg，大型击实筒所需土样约为 50kg。碾散，按要求过筛，将筛下土样拌匀密封，并测定土样的初始含水率。将测试含水率后的土样分成 5～7 个试样，按照预定的击实试样的含水率，分别风干或加水到所要求的不同含水率后密封 8h 以上，使制备好的试样水分均匀分布。

试样制备方法不同，所得击实试验成果不同（图 3-3）。同一种土（特别是液限较高的黏土，如红土、膨胀土等），以烘干、风干、天然含水率三种状态分别配置不同含水率试样，进行击实所能得到的最大干密度依次减小，而对应的最优含水率依次增大；黏粒含量越高，试样制备方法对最大干密度影响也越大。此现象在一定程度上归于为烘干和风干条件改变了黏性土中的胶结性质。故在击实试验试样制备时应根据工程实际土料在碾压前的含水率变化条件来选择试样制备方法，若土料的含水率远高于最优含水率，则在现场碾压之前要进行翻晒使其含水率降低到最优含水率附近，现场土料的含水率变化与试样制备的湿法类似，应选择湿法进行试样制备；若土料的含水率低于最优含水率，则在现场碾压之前要进行洒水使其含水率增加到最优含水率附近，现场土料的含水率变化与试样制备的干法类似，可选择干法进行试样制备。对于黏性土，不得采用烘干土进行击实试验。

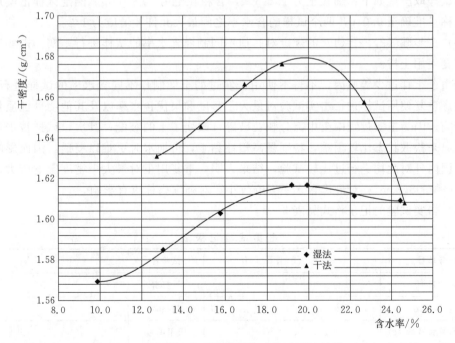

图 3-3 干法和湿法试样制备击实试验结果对比

二、击实

击实试验的击实步骤如下：

（1）将击实仪平稳置于刚性基础上，击实筒内壁和底板涂一薄层润滑油，连接好击实筒与底板，安装好护筒。检查仪器各部件及配套设备的性能是否正常，并做好记录。

（2）从制备好的一份试样中称取一定量土料，分 3 层或 5 层倒入击实筒内并将土面整平，分层击实。手工击实时，应保证使击锤自由铅直下落，锤击点必须均匀分布于土面上；机械击实时，可将定数器设定为所需的击数，按动电钮进行击实。击实后的每层试样厚度应大致相等，每层击实后实际厚度应在理论厚度＋5mm 的范围内，两层交接面的土面应刮毛。击实完成后，超出击实筒顶的余土高度应小于 6mm。

试样击实后总会有部分土超过筒顶高，这部分土柱称为余土高度。标准击实试验标称的击实功是指余土高度为 0 时的单位体积击实功。实际操作中总是存在或多或少的余土高度，如果余土高度过大，则关系曲线上的干密度就不再是标称击实功能下的干密度，试验得到的最大干密度将明显低于实际值。比较试验结果表明：当余土高度不超过 6mm 时，干密度的误差（以余土高度为 0 时的干密度为基准）才能控制在允许误差范围内。为了保证试验准确度，标准中规定余土高度不得超过 6mm。

（3）用修土刀沿护筒内壁削挖后，转动并取下护筒，测出余土高度，应取多个测值平均，准确至 0.1mm。沿击实筒顶细心修平试样，拆除底板。试样底面超出筒外时，应修平。擦净筒外壁，称量，准确至 1g。

（4）用推土器从击实筒内推出试样，从试样中心处取 2 个试样进行含水率试验，每个含水率试样取土量如下：细粒土为 15～30g，含粗粒土为 50～100g。测定试样击实后的含水率，称量准确至 0.01g，两个试样的含水率之间最大允许差值应为 1%。

（5）按步骤（2）～（4）的规定对其他不同制样含水率的试样进行击实。击实试验一般不重复使用土样。

若由于土样过少等原因，不得不使用击实过的土样制作不同含水率的试样进行击实，则要注意重复使用试样进行击实试验对最大干密度和最优含水率以及其他物理性质指标有一定影响。因为击实过程中土中部分颗粒破碎，改变了土的级配；其次，试样被击实后要恢复到原来松散状态比较困难，特别是高塑性黏土，再加水时更难以浸透，因而影响试验结果。国内外对此均进行过比较试验，结果表明：重复用土对最大干密度影响较大，差值达 0.05～0.08g/cm³；对最优含水率影响较小；对强度指标也有影响。

（6）击实试验的记录格式见表 3-3。

表 3-3　　　　　　　　　　　击 实 试 验 记 录 表

任务单号		试验者	
试验日期		计算着	
击实仪编号		校核者	
台秤编号		天平编号	
击实筒体积/cm³		烘箱编号	
落距/mm		击锤质量/kg	
每层击数		击实方法	

试样编号	试验序号	干密度					含水率					
		筒加土质量/g	筒质量/g	湿土质量 m_0/g	湿密度 ρ/(g/cm³)	干密度 ρ_d/(g/cm³)	盒号	湿土质量 m_0/g	干土质量 m_d/g	含水率 ω/%	平均含水率 $\bar{\omega}$/%	余土高度/mm
		最大干密度 $\rho_{dmax}=$　　g/cm³					最优含水率 $\omega_{op}=$　　%					

第五节 数 据 处 理

(1) 击实后各试样的含水率 ω 应按下式计算：

$$\omega = \left(\frac{m_0}{m_d} - 1 \right) \times 100\% \tag{3-1}$$

式中 m_0——湿土质量，g；

m_d——干土质量，g。

(2) 击实后各试样的干密度 ρ_d 按下式计算，精确至 0.01g/cm³：

$$\rho_d = \frac{\rho}{1 + 0.01\omega} \tag{3-2}$$

式中 ρ——试样的湿密度，g/cm³。

(3) 土的饱和含水率 ω_{sat} 按下式计算：

$$\omega_{sat} = \left(\frac{\rho_w}{\rho_d} - \frac{1}{G_s} \right) \times 100\% \tag{3-3}$$

式中 ρ_w——水的密度，g/cm³；

G_s——土粒比重。

(4) 以干密度为纵坐标，以含水率为横坐标，绘制击实曲线。曲线上峰值点的纵、横坐标分别代表土的最大干密度和最优含水率。曲线没有出现峰值点时，应进行补点试验。

(5) 按式（3-3）计算饱和含水率与干密度的关系。在击实试验曲线图上绘制饱和曲线。

（6）结果校正。采用小击实筒进行击实试验适用于最大粒径不大于 5mm 的土；采用大击实筒进行击实试验适用于最大粒径不大于 20mm 的土。若击实土料中含有超过最大粒径的土粒，在击实前需要将粗颗粒筛除后再进行击实试验，然后对试验成果进行修正。具体修正方法如下。

1）轻型击实试验。在轻型击实试验中，当试样中粒径大于 5mm 的土粒质量小于或等于试样总质量的 30%，需要剔除时，应对最大干密度和最优含水率进行校正。

最大干密度按下式校正：

$$\rho'_{dmax} = \frac{1}{\frac{1-P_5}{\rho_{dmax}} + \frac{P_5}{\rho_w G_{s5}}} \quad\quad (3-4)$$

式中　ρ'_{dmax}——校正后试样的最大干密度，g/cm^3；

　　　P_5——粒径大于 5mm 土粒的质量百分数，%；

　　　G_{s5}——粒径大于 5mm 土粒的饱和面干比重。

最优含水率按下式校正：

$$\omega'_{op} = \omega_{op}(1-P_5) + P_5\omega_{ab5} \quad\quad (3-5)$$

式中　ω'_{op}——校正后试样的最优含水率，%；

　　　ω_{op}——击实试样的最优含水率，%；

　　　ω_{ab5}——粒径大于 5mm 土粒的吸着含水率，吸着含水率是指土粒在饱和面干状态时所含的水的质量与干土质量之比，%。

2）重型击实试验。在重型击实试验中，当粒径大于 20mm 的颗粒含量小于 30% 时，土样中含有的少量大于 20mm 的颗粒需要剔除，应对最大干密度和最优含水率进行校正。

最大干密度按下式校正：

$$\rho'_{dmax} = \frac{1}{\frac{1-P_{20}}{\rho_{dmax}} + \frac{P_{20}}{\rho_w G_{s20}}} \quad\quad (3-6)$$

式中　P_{20}——粒径大于 20mm 土粒的质量百分数，%；

　　　G_{s20}——粒径大于 20mm 土粒的饱和面干比重。

最优含水率按下式校正：

$$\omega'_{op} = \omega_{op}(1-P_{20}) + P_{20}\omega_{ab20} \quad\quad (3-7)$$

式中　ω_{ab20}——粒径大于 20mm 土粒的吸着含水率，%。

第六节　成　果　应　用

根据室内击实曲线可以得到细粒土的最优含水率和最大干密度，这两个指标在工程中的应用如下。

（1）最优含水率主要应用于填方工程施工过程中碾压前的含水率控制，为了在现场达到最佳的压实效果，一般要求碾压前土料的含水率控制在 $\omega_{op} \pm 2\%$ 之内。碾压前到底是控制摊铺松土含水率高于最优含水率还是低于最优含水率要由土的天然含水率、气候条件

（温度、湿度、降雨量等）、土类等因素决定。

（2）最大干密度主要应用于现场填筑碾压质量的评价，工程中常用压实度［式（3-8）］评价碾压效果，不同的填方工程对压实度的要求不同。

$$P = \frac{\rho_d}{\rho_{dmax}} \qquad (3-8)$$

式中　P ——压实度，％；

　　　ρ_d ——填土的干密度，g/cm^3。

第四章　土工合成材料力学特性试验

第一节　概　　述

一、土工合成材料及其分类

土工合成材料（geosynthetics）指土木工程领域应用的各种合成材料，是以人工合成的聚合物（如塑料、化纤、合成橡胶等）为原料制成的各种类型的产品，置于土体内部、表面或土体与结构物接触面之间，发挥加强或保护土体的作用。随着材料工业的发展和工程应用的不断创新，土工合成材料的概念也处于不断完善之中，比如出现了一些三维织物、土工泡沫、复合土工垫等新型土工材料，而且基本不再用天然聚合物来生产土工合成材料制品。

土工合成材料相比于传统的秸秆、木材、钢筋和水泥，是一种比较新型的工程材料制品，是随着聚合物的发明和发展以及工程应用需要而逐步发展起来的。在工程实践过程中，出现了种类繁多的土工合成材料品种（如土工织物、土工膜）、不同种类的土工复合材料和各种特殊用途的材料品种（如用于加筋的土工格栅以及超轻质材料土工泡沫）。土工合成材料已陆续应用于土木工程多个领域，取得了很好的经济效益和社会效益，形成了比较完整的技术体系。根据《土工合成材料应用技术规范》（GB/T 50290—2014），土工合成材料可分为土工织物、土工膜、土工复合材料和土工特种材料四大类，如图 4-1 所示。

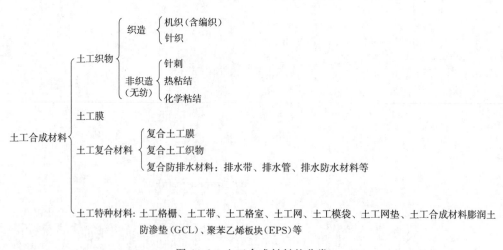

图 4-1　土工合成材料的分类

二、土工合成材料的功能

在实际工程应用中，土工合成材料具有反滤、排水、防护、加筋、隔离、防渗等六大基本功能，分述如下。

1. 反滤功能

反滤是指允许液体（水流）顺畅通过而固体颗粒不随液体（水流）流失。反滤材料应满足液体通畅排出、防止固体颗粒流失以及反滤材料本身不因固体颗粒淤堵导致反滤失效等要求。有的土工合成材料如土工织物具有良好的透水性能且其孔隙较小，故其既可满足水流通过的要求，又可防止土颗粒过量流失而造成的渗透变形。利用土工合成材料的反滤功能，在实际工程中可以用它来代替传统的砂砾反滤层。例如，将有纺土工织物或针刺无纺织物包在外面阻止土粒迁移渗入排水骨料或排水管，同时保持排水系统正常工作。

2. 排水功能

排水功能是指材料能让水流沿其表面或内部排走的能力。当土工合成材料中的孔隙相互连通时，能使其具有良好的排水能力，因此，工程中可将土工合成材料作为排水设施把土中的水分汇集起来排出，如挡土墙后的排水体、坝体内垂直和水平排水体以及加速土体固结的塑料排水板等。

3. 防护功能

利用土工合成材料良好的力学性能与透水性，可将其用于防止土体被水流冲蚀和保护土体不受外界作用破坏。如堤坝护坡垫层、江河湖海岸坡护坡等，或者将临时性的土工合成材料毯或永久性的土工网垫铺在边坡上裸露土体的表面，可以有效地避免或减轻降水和地表径流的侵蚀。

4. 加筋功能

土工合成材料具有较高的抗拉强度，将土工合成材料埋入土中作为加筋体使其与土相结合形成复合体，可借助土工合成材料与土界面的摩阻力限制土体侧向变形，从而使土体抗剪强度和抗拉强度提高并减小变形，如各种结构物下的软土地基加固、修筑加筋土挡墙等。

5. 隔离功能

土工合成材料的隔离作用是把两种不同材料分隔开，以防止相互混杂而失去各种材料的整体性和结构完整性，或为某种目的将同一材料分隔开。例如土石坝和堤防工程中粒径相差较大的不同土石料界面之间的分隔、铁路轨道下道碴碎石和路堤细粒土的分隔等。

6. 防渗功能

有一些土工合成材料具有相对低的透水（气）性，可阻止液体或气体流动和扩散，发挥防渗作用。例如，土工膜、复合土工膜、土工合成材料膨润土防渗垫（GCL）都具有很低的渗透性，可作为流体的防渗屏障。

上述功能的划分依据是土工合成材料在工程应用中所起的主要作用，实际工程应用中土工合成材料往往同时起两种或两种以上的作用，如排水反滤及隔离作用、防护与反滤作用等经常是联系在一起的。如铺设在软基与路堤之间的土工织物，其主要功能是隔离，但同时可以发挥加筋和排水的作用。对于土工织物、土工复合材料这些具有多种功能的材料，在实际工程中，需分析特定的工况环境和所选用土工合成材料的特点，判断其发挥的基本功能或主要作用。

三、土工合成材料的工程应用

土工合成材料已广泛应用于水利、水运、公路、铁路、建筑、环境、矿山和农业等国民经济建设领域，用来解决工程中所涉及的变形、稳定和防渗排水等一系列工程实际问题。本节以土工合成材料在水利工程和环境土工中的应用情况为例来说明土工合成材料在工程中的应用及其所起的作用。

1. 在水利工程中的应用

水是造成水工结构（如堤坝和渠道等）破坏的因素之一，土工合成材料的使用可以减弱或调节水工结构物与水之间的相互作用，增加水工结构物的稳定性，延长其使用寿命。土工合成材料在水利工程中主要有以下用途：

（1）堤坝与渠道防渗。土工膜几乎不透水，经常被铺设在堤坝的迎水面或渠道底部及两侧以形成水力屏障。除了新建堤坝采用土工膜防渗外，外贴土工膜是渗漏严重的旧混凝土大坝除险加固的有效手段。

（2）河道与渠道防护。将土工合成材料铺设在河道或渠道的边坡上可减缓或阻止流水对边坡土体的侵蚀。

（3）堤坝的排水与反滤。应用土工织物或土工网本身具有的透水性可提供排水路径，其反滤作用可阻止土颗粒流失。为了保护水工结构物，经常在土工膜后设置土工网或土工织物与土工网组成的排水系统进行排水，渗漏的水被收集储存，并通过设置在大坝中或大坝后的导管排出。

（4）堤坝的加筋。应用土工合成材料加筋对堤身或基础进行加固。

2. 在垃圾填埋场中的应用

土工合成材料广泛地应用于垃圾填埋场的基层和封盖系统中，所采用的材料类型及其应用包括以下方面：

（1）土工格栅常被用来增强垃圾体边坡的稳定性，也会用在封盖系统中，对土工膜上部的土壤层加筋。

（2）垃圾体中产生的渗滤液需要被排走，通常会将土工网作为衬垫系统或封盖系统中的排水层来收集渗滤液并将其排出。

（3）垃圾体中产生的渗滤液和气体进入周围土体会造成土壤和地下水污染，而土工膜常被用作屏障，防止有害物质的扩散；土工合成材料膨润土防渗垫常用于填埋场衬垫系统，与土工膜一起构成复合衬垫或双层衬垫。

（4）土工织物常置于渗滤液收集层上侧，起过滤作用；或置于土工膜上面作为缓冲垫，以防止土工膜被穿刺。

（5）排水管在填埋场中用以加速渗滤液的收集和排出。

（6）一些土工复合材料如由土工织物和土工网构成的复合排水层在垃圾填埋场中被用于隔离、过滤或排水。

四、土工合成材料的性能指标

土工合成材料已广泛应用于岩土工程的各个领域，不同的应用领域对土工合成材料有不同的功能要求，而土工合成材料的各个功能可以通过一定的性能指标来反映。土工合成材料的性能指标一般可分为物理性能指标、力学性能指标、水力学性能指标、土工合成材料与土相互作用指标及耐久性指标等。

1. 物理性能指标

土工合成材料的物理性能指标主要有单位面积质量、厚度等。

（1）单位面积质量。单位面积质量是指 $1m^2$ 土工合成材料的质量，也称为土工合成材料的基本质量，单位为 g/m^2。

（2）厚度。土工合成材料的厚度是指土工合成材料在承受一定压力时，其顶面与底面之间的距离，单位为 mm。土工合成材料厚度随所受的法向压力而变，一般所谓的厚度都是指 2kPa 压力下的厚度。

2. 力学性能指标

土工合成材料的力学性能指标有强度和延伸率。强度指标根据土工合成材料所受荷载性质不同可分为抗拉强度、握持强度、撕裂强度、胀破强度、顶破强度等。对于前 3 个强度指标，在试验时试样为单向受力，故其纵向和横向强度需分别测定；而对于后 2 个强度指标，在试验时采用圆形试样，试样承受的是轴对称荷载，故没有纵、横向强度之分。

（1）抗拉强度。抗拉强度也称为条带法抗拉强度，是土工合成材料单向受拉时的强度。纵向和横向抗拉强度表示土工合成材料在纵向和横向单位宽度范围能承受的外部拉力，单位为 kN/m。

在受拉过程中，土工合成材料的厚度是变化的，故其抗拉强度不是以习惯上所用的单位面积上的力（即应力）来表示，而是以单位宽度所承受的力来表示。

（2）握持强度。工程实际中，土工合成材料经常会因承受集中荷载而破坏，如在现场铺设土工合成材料时，施工人员或机械抓住土工合成材料局部进行铺设及拖拉。握持强度表示土工合成材料抵抗外来集中荷载的能力，或者说握持强度是反映土工合成材料对集中力的分散能力，单位为 N。

（3）撕裂强度。在铺设和使用过程中，土工合成材料常会有不同程度的破损，在荷载作用下破损会进一步扩大。撕裂强度反映土工合成材料抵抗扩大破损裂口的能力，是使土工合成材料沿某一裂口逐步扩大过程中的最大拉力，单位为 N。

（4）胀破强度。胀破强度反映的是土工合成材料受压鼓胀时抵抗张拉的能力，模拟在水压等均匀挤压作用下土工合成材料挤入空隙时受到张拉作用的情形，单位为 kPa。

（5）顶破强度。工程应用中，土工合成材料常被埋设在土体中，受到土颗粒的挤压和顶破作用。顶破强度反映土工合成材料抵抗垂直其平面的法向压力（如粗粒料挤顶土工合成材料）的能力，单位为 N。根据试验时顶杆端部形状将顶破强度分为圆球顶破强度和 CBR 顶破强度。

（6）刺破强度。刺破强度反映土工合成材料抵抗小面积集中荷载（如有棱角的石子或树枝等）的能力，单位为 N。

（7）延伸率。对应抗拉强度（或握持强度）的应变为土工合成材料的延伸率，用百分数表示。

3. 水力学性能指标

土工合成材料的水力学性能指标主要为等效孔径（或称表观孔径）和渗透系数。

（1）等效孔径。以土工合成材料为筛布，用某一平均粒径的玻璃珠或石英砂进行振筛，取过筛率（通过土工合成材料的颗粒质量与颗粒总投放量之比）为 5% 所对应的粒径为土工合成材料的等效孔径 O_{95}，表示该土工合成材料的最大有效孔径，单位为 mm。

（2）渗透系数。渗透系数为水力梯度等于 1 时，水流通过土工合成材料的渗透速率，单位为 cm/s；根据渗透水流的流向又可分为垂直渗透系数和水平渗透系数。

4．土工合成材料与土相互作用指标

在加筋土中，外荷通过土与土工合成材料界面间的摩擦力传递至土工合成材料，使土工合成材料承受拉力。工程实例有加筋土挡墙、堤基加筋垫层等。而土工合成材料与土相互作用的指标按目前的试验方法可分为直剪摩擦系数和拉拔摩擦系数两类。

5．耐久性能指标

耐久性能指标主要有抗老化、抗生物侵蚀和抗化学侵蚀等多种指标。目前在《土工合成材料测试规程》（SL 235—2012）中有关于土工合成材料抗老化能力的相关试验，而其他耐久性指标大多仍没有可遵循的规范、规程。一般按工程要求进行专门研究或参考已有工程经验来选取。

本章主要介绍土工合成材料的力学性能指标测试方法，而土工合成材料的物理性能指标、水力学性能指标、耐久性能指标和土与材料相互作用指标的相关试验，读者可参阅相关文献。

第二节　试样制备与数据处理

一、制样原则

（1）土工织物、土工膜和片状土工复合材料的制样应符合下列原则：

图 4-2　梯形取样示意图

1）试样剪取位置距样品边缘应不小于 100mm。

2）试样应该有代表性，不同试样应避免位于同一纵向和横向位置上，即采用梯形取样法（图 4-2）：如果不可避免（如卷装、幅宽较窄），应在测试报告中注明情况。

3）剪取试样时应满足准确度要求。

4）剪取试样时，应先有剪裁计划，然后再剪裁。

5）对每项测试所用全部试样，应予以编号。

（2）土工格栅、土工格室等材料制样应符合下列规定：

1）单拉塑料格栅采用单肋法测试时，裁取试样时将样品两侧面去掉两个肋后，在宽度方向均匀取 10 个试样。试样应沿纵向保留 3 个节点，沿横方向取 3 个肋，剪断两侧的 2 个肋，试样形状如

图 4-3 所示。

2）采用多肋法测试时，均匀地在纵向、横向两个方向上各裁取 5 个试样，试样有效宽度不小于 200mm，长度至少包括两个完整单元，且长度不小于 100mm。双拉塑料格栅试样形状如图 4-4 所示。

3）仲裁试验采用多肋法。

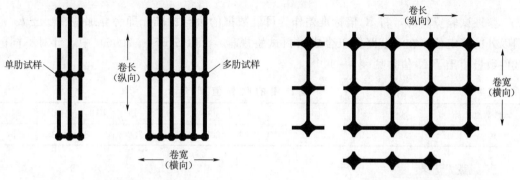

图 4-3　单拉塑料格栅试样形状[8]　　　　　　图 4-4　双拉塑料格栅试样形状[8]

二、试样状态调节

1. 试样调湿

试样应置于温度为 20℃±2℃，相对湿度为 60％±10％的环境中状态调节 24h。有些材料对环境温度和湿度的变化比较敏感，导致试验结果受环境温度和湿度的影响较大，试样调湿的目的在于使测试结果标准化。如果确认试样不受环境影响，则可省去状态调节处理，但应在记录中注明测试时的温度和湿度。

2. 试样饱和

土工合成材料试样在需要饱和时，宜采用真空抽气法，也可将试样浸泡在水中并用手捏挤，赶出试样中的气泡。

三、仪器仪表

使用仪器仪表时应检查是否工作正常，进行零点调整，选择量程范围。量程选择宜使试样最大测试值在满量程的 10％～90％范围内。

四、试验数据整理

考虑到土工合成材料的不均匀性，整理各指标试验资料时都应计算算术平均值、标准差和变异系数。

算术平均值 $\bar{x}$ 按下式计算：

$$\bar{x} = \frac{\sum_{i=1}^{n} x_i}{n} \tag{4-1}$$

式中　x_i——第 i 个试样的试验值；

　　　n——试样个数。

标准差 σ 按下式计算：

$$\sigma = \sqrt{\frac{\sum_{i=1}^{n}(x_i - \bar{x})^2}{n-1}} \tag{4-2}$$

变异系数 C_v 按下式计算：

$$C_v = \pm \frac{\sigma}{\bar{x}} \times 100\% \tag{4-3}$$

整理试验资料时，将 K 倍标准差作为可疑数据的舍弃标准，即舍弃那些在 $\bar{x} \pm k\sigma$ 范围以外的测定值。在《公路土工合成材料试验规程》（JTG E50—2006）中，针对不同的试件数量给出了 K 值，见表 4-1。

表 4-1   统 计 量 的 临 界 值

试件数量	3	4	5	6	7	8	9	10	11	12	13	14
K	1.15	1.46	1.67	1.82	1.94	2.03	2.11	2.18	2.23	2.28	2.33	2.37

五、测试记录

(1) 应标明使用的标准。

(2) 应有试样编号，试样名称、规格，试样状态描述。

(3) 应有测试设备、测试日期以及测试环境条件等。

(4) 应有相关测试项目的原始数据，或仪器自动记录的数据。

(5) 应有测试人员及校核人员的签字。

(6) 有偏离的情况应予以说明。

第三节 条 带 拉 伸 试 验

一、试验目的

试验目的是测定土工合成材料的拉伸强度及伸长率。本试验方法适用于各类土工织物和片状土工复合材料。

二、试验设备

1. 拉力机

要求拉力机有等速拉伸功能，拉伸速率可调，并应能测读试样拉伸过程中的拉力和伸长量。

2. 夹具

夹具的钳口面应能防止试样在钳口内打滑和损伤。两个夹具的夹持面应在一个平面内（一般一个夹具的支点采用万向接头以保证试样拉伸时两夹具的夹持面在一个平面内）。

宽条试样有效宽度为 200mm，夹具的实际宽度不小于 210mm；窄条试样有效宽度为 50mm，夹具的实际宽度不小于 60mm。

3. 量测设备

荷载指示值或记录值应准确至 1%；伸长量的测量读数应准确至 1mm，可用有刻度的钢尺；应能自动记录拉力-伸长量曲线。

三、试验步骤

1. 试样准备

按规定裁剪试样并进行试样状态调节，纵向和横向试样均不少于5个。

宽条试样：裁剪试样宽度200mm；长度不小于200mm，实际长度视夹具而定，应保证试样有足够的长度伸出夹具，试样计量长度为100mm。对于有纺土工织物，裁剪试样宽度210mm，在两边抽去大约相同数量的边纱，使试样宽度达到200mm。

窄条试样：裁剪试样宽度50mm；长度应不小于200mm，且应有足够长度的试样伸出夹具，试样计量长度为100mm。对于有纺土工织物，裁剪试样宽度60mm，在两边抽去大约相同数量的边纱，使试样宽度达到50mm。

宽条试样适用于大多数土工织物，包括无纺土工织物、有纺土工织物、复合型土工织物及用来制造土工织物的毡、毯等材料；窄条试样不适用于有明显"颈缩"现象的无纺土工织物。

在测干态抗拉强度之外还需测湿态强度时，应裁剪两倍的试样长度，然后一剪为二，一块测干强度，另一块测湿强度（将湿态试样从水中取出至上机拉伸的时间间隔应不大于10min）。

2. 测试步骤

（1）选择合适的量程（试样的测试值在满量程的10%～90%范围内），设定拉力机的拉伸速率为20mm/min，把上下夹具的初始间距调至100mm。

（2）将试样放入夹具内，为方便对中，事先在试样上画垂直于拉伸方向的两条相距100mm的平行线，使两条线尽可能贴近上下夹具的边缘，夹牢试样。

（3）启动拉力机，记录拉力和伸长量，直至试样破坏，停机。

（4）重复上述步骤，对剩余试样进行试验。试验记录表见表4-2。

表4-2 拉 伸 试 验 记 录 表

样品编号				试验环境		温度　℃　　湿度　%		
试样名称及规格				试样描述				
试验日期				试验设备				
试验规程				试验人员				
评定标准				复核人员				

序　号	纵　向				横　向			
	拉力 /N	抗拉强度 /(kN/m)	伸长量 /mm	延伸率 /%	拉力 /N	抗拉强度 /(kN/m)	伸长量 /mm	延伸率 /%
1								
2								
⋮								
平均值								
标准差								
变异系数								

若试样在钳口内打滑，或在钳口边缘或钳口内被夹坏，且该测值小于平均值的80%，该试验结果应予剔除，并增补试样。

当试样在钳口内打滑或大多数试样被钳口夹坏时，宜采取下列改进措施：①在钳口内加衬垫；②钳口内的试样用涂料加强；③改进钳口面。

四、数据整理

（1）按下式计算抗拉强度 T_s：

$$T_s = \frac{P_f}{B} \tag{4-4}$$

式中　　P_f——实测最大拉力，kN；

　　　　B——试样宽度，m。

（2）按下式计算延伸率 ε_p：

$$\varepsilon_p = \frac{L_f - L_0}{L_0} \times 100\% \tag{4-5}$$

式中　　L_0——试样计量长度，mm；

　　　　L_f——最大拉力时的试样长度，mm。

（3）计算拉伸强度及延伸率的平均值、标准差及变异系数。

（4）由试样的拉力-伸长量曲线计算拉伸模量。

拉伸过程中的拉力-伸长量曲线可转化成应力-应变曲线，并可计算拉伸模量。由于土工合成材料的应力-应变曲线是非线性的，因此拉伸模量通常指在某一应力（或应变）范围内的模量，单位为 N/m 或 kN/m，包括初始拉伸模量、偏移拉伸模量和割线拉伸模量。

初始拉伸模量 E_1：如果应力-应变曲线在初始阶段是线性的，取初始切线斜率为初始拉伸模量，见图4-5（a）。

偏移拉伸模量 E_0：应力-应变曲线开始段坡度小，中间部分接近线性，取中间直线段的斜率为偏移拉伸模量，见图4-5（b）。

割线拉伸模量 E_s：当应力-应变曲线始终呈非线性时，计算割线拉伸模量。计算方法为从原点到曲线上某一点连一直线，该线斜率即为割线拉伸模量，见图4-5（c）。

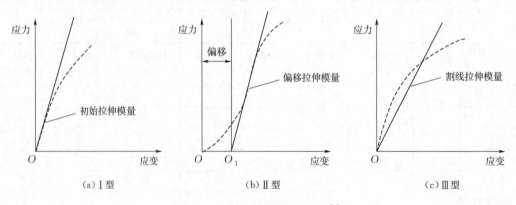

（a）Ⅰ型　　　　　　　（b）Ⅱ型　　　　　　　（c）Ⅲ型

图4-5　拉伸模量计算示意图[7]

第四节　握 持 拉 伸 试 验

一、试验目的

试验目的是测定土工合成材料的握持强度和伸长率。握持强度主要指土工合成材料能提供的有效强力，它包括被拉伸土工合成材料的邻近土工合成材料所提供的额外拉伸力。握持强度与土工合成材料的拉伸强度没有直接的关联性和等效性，是土工合成材料最基本的性能指标之一。本试验方法适用于各类土工织物和片状土工复合材料。

二、试验设备

拉力机、夹具和量测设备与条带拉伸试验设备要求一致。夹具钳口面宽 25mm，沿拉力方向钳口面长 50mm。

三、试验步骤

1. 试样准备

按规定裁剪试样并进行试样状态调节，纵向和横向试样均不少于 5 块。

试样宽 100mm，长 200mm，长边平行于荷载作用方向，试样计量长度为 75mm，长度方向上试样两端伸出夹具至少10mm，如图 4-6 所示。

2. 测试步骤

（1）设定拉力机的拉伸速率为 300mm/min，把两夹具的初始间距调至 75mm。

（2）试样对中放入夹具内，并使试样两端伸出的长度大致相等，锁紧夹具。为方便试样在夹具宽度方向上对中，在离试样宽度方向边缘 37.5mm 处画一条线，此线刚好是上下夹具边缘线。

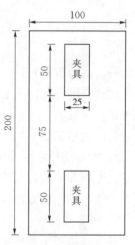

图 4-6　握持试样示意图[7]
（单位：mm）

（3）启动拉力机，连续运转直至试样破坏，记录最大拉伸力及最大拉伸力时的伸长量（试样在钳口打滑或损伤的处理方法同条带拉伸试验）。试验记录表见表 4-3。

（4）重复步骤（2）～（3），对其余试样进行试验。

四、数据处理

（1）最大拉伸力即为试样的握持强度，计算其平均值、标准差和变异系数。

（2）按式（4-5）计算延伸率；计算延伸率的平均值、标准差和变异系数。

表 4-3　　　　　　　　　　　握持拉伸试验记录表

样品编号		试验环境	温度 ℃　　湿度 ％
试样名称及规格		试样描述	
试验日期		试验设备	
试验规程		试验人员	
评定标准		复核人员	

序　号	纵　向			横　向		
	拉力 /N	伸长量 /mm	延伸率 /%	拉力 /N	伸长量 /mm	延伸率 /%
1						
2						
⋮						
平均值						
标准差						
变异系数						

第五节　梯形撕裂试验

一、试验目的

试验目的是测定土工合成材料的梯形撕裂强度。本试验方法适用于各类土工织物和片状土工复合材料。

二、试验设备

1. 拉力机和夹具

拉力机和夹具与条带拉伸试验设备要求一致，此外夹具宽度不小于 85mm，宽度方向垂直于拉力的作用方向。

2. 梯形模板

梯形模板用于剪样，如图 4-7（a）所示。

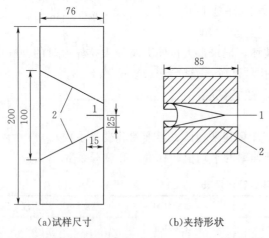

(a)试样尺寸　　　　(b)夹持形状

图 4-7　梯形撕裂试样[7]（单位：mm）

1—长 15mm 的切口；2—梯形边

三、试验步骤

1. 试样准备

（1）按规定裁剪试样并进行试样状态调节，纵向和横向试样均不少于 5 个。

（2）试样宽 76mm、长 200mm，根据模板尺寸，在试样上画两条梯形边，在梯形短边中点处剪一条垂直于该边的长 15mm 的切口。测试纵向撕裂力时，试样切口应剪断纵向纱线；测试横向撕裂力时，切口应剪断横向纱线。

2. 测试步骤

（1）把上下夹具的初始间距调至 25mm，设定拉力机的拉伸速率为 300mm/min。

（2）将试样放入夹具内，使试样梯形的两腰与夹具边缘齐平。梯形的短边平整绷紧，其余部分呈折叠状，如图 4-7（b）所示。

（3）启动拉力机，记录拉力，直至试样破坏（试样被钳口夹坏的处理方法同条带拉伸试验），取最大值作为撕裂强度，试验记录表见表 4-4。

（4）重复步骤（2）～（3），对其余试样进行试验。

四、数据处理

（1）计算全部试样撕裂强度的平均值作为撕裂强度 T_t。

（2）计算撕裂强度标准差和变异系数。

表 4-4　　　　　　　　　　撕 裂 试 验 记 录 表

样品编号		试验环境		温度　℃　湿度　%
试样名称及规格		试样描述		
试验日期		试验设备		
试验规程		试验人员		
评定标准		复核人员		
序　号	撕 裂 力/N			
	纵　　向		横　　向	
1				
2				
⋮				
平均值				
标准差				
变异系数				

第六节　胀 破 试 验

一、试验目的

试验目的是测定土工合成材料的胀破强度。本试验方法适用于各类土工织物和片状土工复合材料。

二、试验设备

胀破试验设备（图 4-8）主要由以下部分构成。

1. 夹具

夹具是内径为 30.5mm 的环形夹具，夹具的钳口面一般为波浪形咬合，以防试样在钳口内打滑和被夹坏。

2. 薄膜

薄膜应为高弹性橡胶薄膜。

3. 压力表

最大测试值应在满量程的 10%～90% 范围内。

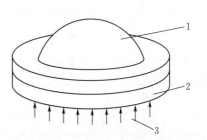

图 4-8　胀破试验设备示意图
1—试样；2—环形夹具；3—液压

4. 液压系统

液压系统应密封不渗漏，压力量程应不小于 2.5MPa，液体压入速率应达 100mL/min，胀破时应能立即停止加压。

试验前应检查仪器各部分是否正常，需要时应用标准弹性膜片对胀破仪做综合性能校验，弹性膜片发生明显变形时必须更换。

三、试验步骤

1. 试样准备

按规定裁剪试样并进行试样状态调节，每组试验不少于 10 个试样，每块试样直径应不小于 55mm。

2. 测试步骤

(1) 将试样覆盖在膜上，呈平坦无张力状态，用环形夹具将试样夹紧。

(2) 设定液体压入速率为 100mL/min，开动机器，使膜片与试样同时鼓胀变形，直至试样破裂，并记录试验时间。

(3) 测读试样破裂瞬间的最大压力，此即试样破裂所需的总压力值 P_s。试验记录表见表 4-5。

(4) 松开夹具取下试样。测定用同样的试验时间使薄膜扩张到与试样破裂时相同形状所需的压力，此即校正压力 P_m。

(5) 重复以上步骤对其余试样进行试验。

四、数据处理

(1) 按下式计算胀破强度 P_z：

$$P_z = P_s - P_m \tag{4-6}$$

(2) 计算胀破强度的平均值、标准差和变异系数。

表 4-5　　　　　　　　　　　胀 破 试 验 记 录 表

样品编号		试验环境		温度　℃　　湿度　%
试样名称及规格		试样描述		
试验日期		试验设备		
试验规程		试验人员		
评定标准		复核人员		
序　号	P_s/kPa	P_m/kPa		P_z/kPa
1				
2				
⋮				
平均值				
标准差				
变异系数				

第七节　顶破试验和刺破试验

一、试验目的

试验目的是测定土工合成材料的顶破和刺破强度。本试验方法适用于孔径较小的各类土工织物、土工膜及片状土工复合材料。

二、试验设备

1. 配有反向器的试验机

试验机的荷载指示值或记录值准确至
1%；顶压杆位移准确至 1mm；应具有等
速加荷功能，并应能记录加荷过程中的应
力-应变曲线；行程应大于 100mm。反向
器（图 4-9）由套在一起的上下两个框架
组成，上框架连至拉力机的固定夹具，下
框架连至拉力机的可移动夹具，当下框架
向下拉伸时，固定在上下框架上的圆球顶
破装置产生顶压。

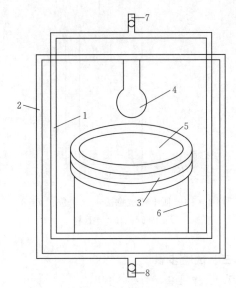

图 4-9　反向器示意图

1—内框架；2—外框架；3—环形夹具；4—圆球；

5—土工织物；6—支架；7—接拉力机上夹具；

8—接拉力机下夹具

2. 环形夹具

圆球顶破试验和刺破试验的环形夹具
见图 4-10，内径为 45mm，其中心应在顶
压杆的轴线上；底座高度大于顶杆长度，
应有足够的支撑力和稳定性（环形夹具表
面应有同心沟槽，以防止试样滑移）。圆柱
（CBR）顶破试验环形夹具内径为 150mm。

3. 顶杆

圆球顶破试验的顶杆见图 4-11，球径为 25mm，球面应光滑。圆柱（CBR）顶破试验

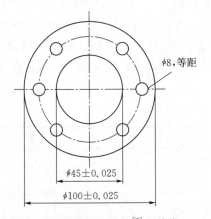

$\phi 8$,等距

$\phi 45 \pm 0.025$

$\phi 100 \pm 0.025$

图 4-10　环形夹具示意图[7]（单位：mm）

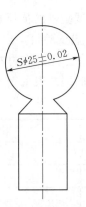

$S\phi 25 \pm 0.02$

图 4-11　圆球顶杆示意图[7]（单位：mm）

的顶杆是直径为 50mm、高度为 100mm 左右的光滑圆柱,顶端边缘倒成半径为 2.5mm 的圆弧(图 4-12)。刺破试验的顶杆是直径 8mm 的平头圆柱,顶端边缘倒成 45°、深 0.8mm 的倒角(图 4-13)。

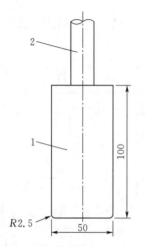

图 4-12　顶压杆示意图[7]（单位：mm）
1—顶压杆；2—连接杆

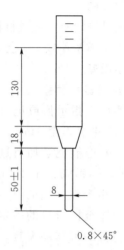

图 4-13　平头顶杆示意图[7]（单位：mm）

三、试验步骤

1. 试样准备

按规定裁剪试样并进行试样状态调节,试样直径在 100mm 左右,视夹具而定。每组试验不少于 5 个试样。

2. 测试步骤

(1) 将试样放入环形夹具内,应在试样自然平直状态下拧紧夹具,防止试样顶破过程中在夹具内滑动或破坏。

(2) 将夹具放在试验机上,调整高度,应使试样与顶杆刚好接触。

(3) 试验机的量程选择应使最大测试值在满量程的 10%～90% 范围内。圆球顶破试验和刺破试验设定试验机的顶压速率为 300mm/min［圆柱（CBR）顶破试验的顶压速率为 50mm/min］。开启试验机,记录试验过程中顶压力-变形曲线,直至试样完全顶破,记录最大顶压力。对于土工复合材料,在可能出现多峰值的情况下,均应将第一峰值作为试验的顶破强度。试验记录表见表 4-6。

表 4-6　　　　　　　顶 破 试 验 记 录 表

样品编号		试验环境		温度　℃　湿度　%	
试样名称及规格		试样描述			
试验日期		试验设备			
试验规程		试验人员			
评定标准		复核人员			

序　号	顶破强度/N
1	
2	
⋮	
平均值	
标准差	
变异系数	

（4）停机，取出已破坏试样，观察和记录顶破情况。试样在夹具内滑动或破坏的处理方法同条带拉伸试验。

（5）重复步骤（1）～（4）对其余试样进行试验。

四、资料整理

计算所有试样顶破或刺破强度的算术平均值、标准差和变异系数。

第八节　成　果　应　用

根据试验结果确定各力学性能指标的允许值，并用于工程设计。

在土工合成材料的设计与应用中，要考虑施工损伤、材料蠕变、老化等因素，对力学性能指标进行折减得到允许指标，计算公式如下：

$$T_a = \frac{T}{RF} = \frac{T}{RF_{CR} \cdot RF_{iD} \cdot RF_D} \tag{4-7}$$

式中　T_a——力学性能指标的允许值；

　　　T——力学性能指标的极限值；

　　　RF——综合强度折减系数；

　　RF_{CR}——材料因蠕变影响的强度折减系数；

　　RF_{iD}——材料在施工过程中受损伤的强度折减系数；

　　RF_D——材料长期老化影响的强度折减系数。

以上各折减系数应按具体工程采用的加筋材料类别、填土情况和工作环境等通过试验测定。无实测资料时，综合强度折减系数宜采用 2.5～5.0；施工条件差、材料蠕变性大时，综合强度折减系数应采用大值。

第五章 静力触探试验

第一节 概　述

　　土样从现场原位取到室内，必然会经受一定程度的扰动，而且有些土体如砂土难以取得原状土进行室内的力学特性试验。此外，现场土的整体特性要比室内局部土体性状复杂许多。因此，如能在原位进行相关试验，对土体性状准确地评估是非常有益的。静力触探试验（cone penetration test，CPT）是目前在岩土工程界应用最为广泛的原位试验类型之一，简称静探，在拟静力条件（没有或很少冲击荷载）下，将内部装有力传感器的探头匀速压入土中，并将传感器所受阻力变成电信号传输到记录仪中，再通过建立贯入阻力和土的力学性质之间的相关关系来判别土层工程性质。静力触探试验成果在地基土类划分、土层剖面确定、土体强度指标评价以及地基承载力的综合评估等方面均具有显著优势，具有连续、快速、精确、经济、节省人力、勘查与测试双重功能的特点。特别是对地层变化较大的复杂场地及不易取得原状土的饱和砂土和高灵敏度的软黏土地层的勘察，静力触探更具有其独特的优越性。当然，静力触探试验也有其缺点，一是贯入机理尚不清晰，没有比较准确的数理模型，目前对其成果的解释主要是经验性的；二是它不能直接识别土层，不能取样，并且在碎石类土和较密实砂土层中难以贯入。因此静力触探还需要钻探与其配合才能完成工程勘察和获得地基土物理力学指标的任务。

　　静力触探试验主要适用于软土、一般黏性土、粉土、砂土和含少量碎石的地基勘探。其贯入深度不仅与土层工程性质有关，还受触探设备的推力和上拔力的限制。一般200kN的静力触探设备，在软土中的贯入深度可以超过70m，而在中密砂层中的深度可以超过30m。

　　静力触探试验可用于划分土层，判定土层类别，查明软、硬夹层及土层在水平和垂直方向的均匀性；评价地基的工程特性，包括容许承载力、压缩性质、不排水抗剪强度、水平向固结系数、土体液化判别、砂土密实度；探寻和确定桩基持力层，预估打入桩沉桩可能性和单桩承载力；检验人工填土的密实度及地基加固效果。

第二节 试　验　原　理

　　静力触探试验的贯入机理较为复杂，目前还未能完善地解决探头与周围土体间的接触应力分布及土体变形问题。近似贯入机理理论分为三类，即承载力理论、球穴扩张理论以及稳定贯入流体理论。

　　不同的贯入理论有不同的简化假设。承载力理论借助单桩承载力的半经验分析，认为探头以下土体受圆锥头的贯入产生整体剪切破坏，其中滑动面处的抗剪强度提供贯入阻力，滑动面的形状则是根据实验模拟或经验假设；承载力理论适用于临界深度以上的贯入情况。球穴扩张理论假定圆锥探头在各向同性无限土体中的贯入机理与圆球及圆柱体孔穴扩张问题相似，并将土体作为可压缩的塑性体，所以其理论分析适用于压缩性土。而稳定贯入流体理论中，土是不可压缩流动介质，圆锥探头贯入时，受应变控制，根据其相应的应变路径偏应力，并推导得出土体中的八面体应力，主要适用于饱和软黏土。

第三节 试 验 仪 器

静力触探设备根据量测方式分为机械式和电测式两类。机械式采用压力表测量贯入阻力，电测式采用传感器电子测试仪表测量贯入阻力。前者目前在国内已不再使用。静力触探试验设备主要组成及要求如下。

1. 主机

静力触探试验主机（图 5-1）由两个液压油缸和油压系统组成。其作用是匀速地将探头垂直压入土中，其额定贯入力、上拔力和贯入速度应满足现行国家标准《岩土工程仪器基本参数及通用技术条件》（GB/T 15406—2007）的规定。

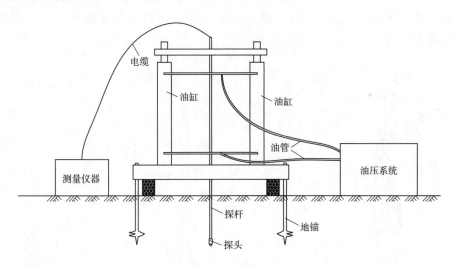

图 5-1　静力触探试验主机示意图

2. 反力装置

静力触探的贯入力必须要有反力装置来平衡。反力装置可用地锚、压重、车辆自重等方式提供贯入过程中所需的向上的反力。

3. 探头

探头用于量测贯入过程中贯入头与土体间的相互作用力，按照贯入力量测方式和探头的结构不同，可分为单桥探头、双桥探头和带孔压量测的孔压探头。

（1）探头的规格和结构。单桥探头将探头和侧壁的阻力一起量测，将测得的力除以探头最大横断面面积得到比贯入阻力 p_s。单桥探头的结构主要由探头筒、顶柱、变形柱

（传感器）及锥头组成，见图 5-2，单桥探头的规格见表 5-1。

表 5-1　　　　　　　　　　　**单桥探头主要规格**

投影面积 /cm²	直径/mm		锥角	侧壁长度/mm		额定负荷 /kN
	基本尺寸	公差		基本尺寸	公差	
10	35.7	+0.180		57	±0.28	10、20、30、40
15	43.7	+0.220	60°±1°	70	±0.35	15、30、45、60
20	50.4	+0.250		81	±0.40	20、40、60、80

双桥探头将探头阻力和侧壁摩擦力分开量测，得到锥尖阻力 q_c 和侧壁摩阻力 f_s 两个数值。双桥探头与单桥探头的区别主要是有 2 个传感器（2 个电桥）分别测定锥头阻力和侧壁摩阻力。双桥探头的结构见图 5-3，其规格见表 5-2。

孔压探头除测定锥尖阻力和侧壁摩阻力外，同时还测定孔隙水压力及其消散特性，其结构见图 5-4。探头的孔压量测点开孔位置及尺寸对试验结果影响显著。已有研究表明，在坚硬超固结黏土及紧密粉砂中，在锥尖附近孔隙水压力有很大的梯度；在正常压密不灵敏黏土及粉土内，在锥面上测的孔隙水压力比锥肩后部所测的孔隙水压力约大 15%。目前越来越多的单位在锥肩处放置孔隙水压力传感器，它具有以下优点：①透水元件很少受到损伤；②易于饱和；③适于做不等面积校正；④可能是测量孔压的最佳位置。

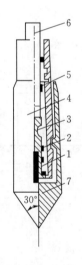

图 5-2　单桥探头[1]

1—顶柱；2—电阻片；3—变形柱；4—探头筒；
5—密封圈；6—电缆；7—锥头

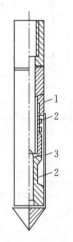

图 5-3　双桥探头[1]

1—变形柱；2—电阻片；
3—摩擦筒

图 5-4　孔压探头[1]

1—透水石；2—孔压传感器；
3—变形柱；4—电阻片

探头圆锥底面积的国际通用标准为 10cm²，但国内勘察单位广泛使用 15cm² 的探头；10cm² 探头与 15cm² 探头的贯入阻力相差不大，在同样的土质条件和机具贯入能力下，10cm² 探头比 15cm² 探头贯入深度更大。为了向国际标准靠拢，最好使用锥头底面积为 10cm² 的探头。探头的几何形状及尺寸会影响测试数据的精度，故应定期进行检查。

表 5-2　　　　　　　　　　双桥探头主要规格

投影面积/cm²	锥头					摩擦筒					额定负荷（锥头/侧壁）/kN
	直径 D_1		圆柱部分长度 L_3/mm	锥头与摩擦筒间距 H①	锥角	直径 $D_2$②		长度 L_3		表面积/cm²	
	基本尺寸/mm	公差/mm				基本尺寸/mm	公差/mm	基本尺寸/mm	公差/mm		
10	35.7	+0.180	4～5	≤8	60°±1°	35.7	+0.180	134	±0.70	150③	10/1.5、20/3.0、30/4.5、40/6.0
								179	±0.90	200	10/2、20/4、30/6、40/8
15	43.7	+0.220	2～3			43.7	+0.220	219	±1.10	300	15/3、30/6、45/8、60/12
20	50.4	+0.250				50.4	+0.250	189	±0.95	300	20/3、40/6、60/8、80/12

① 指在工作状态下的间距。

② 同一个探头中 $D_2 > D_1$，否则会显著减小侧壁摩阻力。

③ 150cm² 为优先采用规格。

（2）探头材料和技术参数。探头应采用耐磨损的钢质材料制造。探头主要技术参数如下：

1）绝缘电阻应大于 50MΩ。

2）非直线度应不大于 1.0%F·S。

3）不重复度应不大于 0.8%F·S。

4）滞后应不大于 1.0%F·S。

5）安全过负荷率应为 120%。

6）零点温度影响在 0～40℃ 的温度范围内应不大于 0.5%F·S/10℃。

7）密封性能要求，在 500kPa 的水压下，恒压 2h 后，其绝缘电阻应大于 50MΩ。

8）锥头和摩擦筒的硬度应大于 HRC45。

9）锥头和摩擦筒的工作表面粗糙度应不大于 3.2μm。

10）多用探头的传感器间相互干扰应小于各传感器自身额定输出值的 0.3%F·S。

4. 探杆

1）制造探杆的材料抗拉强度应大于 600MPa。

2）探杆轴线的直线度误差应小于 Φ1mm/m。

3）探杆两端连接螺纹的同轴度误差应不大于 Φ1mm/m。

4）探头连接端的探杆直径，对于单桥探头，长度在 $8D_1$ 范围内应不大于 D_1；对于双桥探头，长度在 $6D_1$ 范围内应不大于 D_1。

5. 测量仪器

测量可采用下列仪器：

1）静态电阻应变仪：最大允许误差为 ±2%，分度值为 5με。

2）静力触探数字测力仪：最大允许误差，自动挡为 0.3%，手动挡为 0.5%。

3）电子电位差计：0.5 级。

4）深度记录装置：最大允许误差为 ±1%。

6. 其他辅助工具

静力触探试验过程用到的主要辅助工具主要有水准尺和管钳。

第四节　试　验　步　骤

一、静力触探现场试验的主要步骤

（1）平整试验场地，设置反力装置。将触探主机对准孔位，调平机座，用分度值为 1mm 的水准尺校准，并紧固在反力装置上。

（2）将已穿入探杆内的传感器电缆按要求接到量测仪器上，打开电源开关，预热并调试到正常工作状态。

（3）贯入前应试压探头，检查顶柱、锥头、摩擦筒等部件工作是否正常。对于具有孔压测量装置的静力触探仪并需要量测孔隙水压力时，应使孔压传感器透水面饱和。正常后将连接探头的探杆插入导向器内，调整垂直并紧固导向装置，必须保证探头垂直贯入土中。启动动力设备并调整到正常工作状态。

（4）采用自动记录仪时，应安装深度转换装置，并检查卷纸机构运转是否正常；采用电阻应变仪或数字测力仪时，应设置深度标尺。

（5）将探头按（1.2±0.3）m/min（该速率为国际通用标准）匀速贯入土中 0.5～1.0m，冬季应超过冻结线，然后提升 5～10cm，使探头传感器处于不受力状态。待探头温度与地温平衡后（仪器零位基本稳定），将仪器调零或记录初读数，即可进行正常贯入。在深度 6m 内，一般每贯入 1～2m 应提升探头，检查温度漂移并调零；6m 以下每贯入 5～10m 应提升探头，检查回零情况，当出现异常时，应检查原因并及时处理。

贯入速率对试验结果的影响一般是由孔隙水压力产生的。贯入速率不同，致使贯入阻力及排水状态都不相同。在常用的贯入速率下，贯入速率稍有变化不会对贯入阻力产生太大的影响。

探头传感器产生温度变化的原因有：①标定时的温度与地层温度的差异；②测量时应变片通电时间过长，会产生电阻热；③贯入过程中与土（特别是砂土）摩擦产生的热。孔压静力触探所用的传感器大多是电阻应变式，温度的变化会产生电阻值的变化，进而产生零点飘移（零漂）。为此，传感器要有温度补偿，好的温度补偿可将零漂限制在满量程的 0.05% 以内；在操作上，可在试验前将探头放在地面下 1m 处 30min，使探头与地温平衡，以此作为初始零点。

（6）贯入过程中，当采用自动记录时，应根据贯入阻力大小合理选用供桥电压，并随时核对，校正深度记录误差，做好记录（深度记录误差不超过 ±1%），当贯入深度超过 30m 或穿过软土层贯入硬土层后，应有测斜数据；当偏斜明显，应校正土层分层界线。为保证触探孔与垂直线间的偏斜度小，所使用探杆的偏斜度应符合标准：最初 5 根探杆每米偏斜小于 0.5mm，其余小于 1mm；当使用的贯入深度超过 50m 或使用 15～20 次时，应检查探杆的偏斜度；如贯入厚层软土，再穿入硬层、碎石土、残积土，每用过一次应做探杆偏斜度检查。使用电阻应变仪或数字测力计时，一般每隔 0.05～0.1m 记录读数 1 次。

当探杆发生倾斜弯曲时，量测的结果不能如实反映土层的埋深，使成果的精度降低，甚至得出错误的结论。为防止发生此现象，国外往往在探杆上装测斜仪，以此计算出孔斜的影响。对于软土地基，如未遇障碍物，在近百米范围内不会出现重大的偏斜。

（7）当测定孔隙水压力消散时，应在预定的深度或土层停止贯入，立即锁定钻杆并同时启动测量仪器，测定不同时间的孔隙水压力消散值，直至基本稳定，在消散过程中不得碰撞和松动探杆。

（8）为保证探头孔压系统的饱和，在地下水位以上的部分应预先开孔，注水后再进行贯入。

（9）当贯入至预定深度或出现下列情况之一时，应停止贯入：

1）触探主机达到额定贯入力，探头阻力达到最大容许压力。

2）反力装置失效。

3）发现探杆弯曲已达到不能容许的程度。

（10）试验结束后应及时起拔探杆，并记录仪器的回零情况。探头拔出后应立即清洗上油，妥善保管，防止探头被曝晒或受冻。

二、试验应注意事项

（1）试验点与已有钻孔、触探孔、十字板试验孔等的距离，不宜小于已有孔径的 20 倍，且不宜小于 2m。静力触探宜在钻孔前进行，以免钻孔对贯入阻力产生影响。

（2）试验前应根据试验场地的地质情况，合理选用探头，使其在贯入过程中，仪器的灵敏度较高而又不致损坏。

（3）试验点必须避开地下设施，以免发生意外。

（4）由于人为或设备的故障而使贯入中断 10min 以上时，应及时排除故障。故障处理后，重新贯入前应提升探头，测记零读数。对超深触探孔分两次或多次贯入时，或在钻孔底部进行触探时，在深度衔接点以下的扰动段，测试数据应舍弃。

（5）应注意安全操作和安全用电。

（6）当使用液压式、电动丝杆式触探主机时，活塞杆、丝杆的行程不得超过上、下限位，以免损坏设备。

（7）采用拧锚机时，待准备就绪后才可启动。拧锚过程中如遇障碍，应立即停机处理。

（8）锥尖阻力及侧壁阻力的"采零"应在试验终止时进行，孔压的"采零"应在探头提出地面更换透水元件时进行；孔压探头在贯入前，应采用抽气饱和等方法确保探头应变腔为已排除气泡的液体所饱和，并在现场采取措施保持探头处于饱和状态，直至探头进入地下水位以下的土层为止。在进行孔压静探过程中应连续贯入，不得中间提升探头。

（9）探头测力传感器应连同仪器、电缆进线定期标定，室内标定测力传感器的非线性误差、重复性误差、滞后误差、温度漂移、归零等最大允许误差应为 $\pm1\%$F·S，现场归零误差应为 $\pm3\%$，这是试验数据质量好坏的重要标志。绝缘电阻不应小于 $500M\Omega$，在 3 个工程大气压下保持 2h。

三、试验记录

静力触探试验的记录格式见表 5－3。

表 5－3　　　　　　　　静力触探试验记录表

任务单号		探头编号		试验者	
孔号		率定系数 k_p		计算者	
孔口标高/m		率定系数 k_q		校核者	
水位标高/m		率定系数 k_f		试验日期	
试验环境		率定系数 k_u			

1. 阻力测定

触探深度 /m	锥头阻力 $q_c(p_s)$		侧壁摩阻力 f_s		孔隙水压力 u		摩阻比 $\dfrac{f_s}{q_c}$ /%
	仪表读数 /$\mu\varepsilon$，mV	计算值 /kPa	仪表读数 /$\mu\varepsilon$，mV	计算值 /kPa	仪表读数 /$\mu\varepsilon$，mV	计算值 /kPa	

2. 孔压消散（触探深度：　　　　m）

时间 /min	经过时间 /min	仪表读数 /$\mu\varepsilon$，mV	孔隙水压力 u_t /kPa	孔隙水压力消散百分数 $\bar{U}$ /%

第五节　数　据　处　理

一、原始数据修正

1. 零漂修正

零漂是零点漂移的简称，是指在直接耦合放大电路中，当输入端无信号时，输出端的电压偏离初始值而上下漂动的现象，是由地温、探头与土摩擦产生的热传导引起的，故并非常数。一般有两种修正方法：一种方法是测零读数时，发现漂移时即刻将仪器调零，而如此整理后的原始数据就不再做归零修正；另一种方法是将测定的零读数记录下来，仪器在操作过程中并不调零，而在最终数据整理时，对原始数据进行修正，一般按归零检查的深度间隔用线性插值法对测试值加以修正。

2. 深度修正

当发生地锚松动、探杆夹具打滑、触探孔偏斜、走纸机构失灵、导轮磨损等情况时，记录深度会与实际深度有出入，此时应沿深度按线性内插法修正深度误差。当然出现此类问题时除了对试验结果进行深度修正外，还应针对具体的原因提出修正处理措施。此外，当触探杆相对于铅垂线偏斜角较大时，应进行深度修正，若倾斜在8°以内，则不做修正。

触探过程中一般每隔1m测定一次偏斜角，则每次的深度修正值为

$$\Delta h_i = 1 - \cos\frac{\theta_i + \theta_{i+1}}{2} \tag{5-1}$$

式中　Δh_i——第i段的深度修正值；

θ_i、θ_{i+1}——第i次和第$i+1$次的实测偏斜角。

在深度h_n处，总深度修正值为$\sum_{i=1}^{n}\Delta h_i$，故实际深度为$h_n - \sum_{i=1}^{n}\Delta h_i$。

3. 孔压修正

由于量测的孔压随滤水器的位置不同而变化，故在试验报告中必须说明滤水器的位置。

4. 锥尖阻力 q_c 与侧壁摩阻力 f_s 的孔压修正

当探头在地下水以下贯入土中时，使用孔压探头可测得锥头后近锥底处的孔压 u_t。由于锥头及摩擦筒上下端面受水压力的面积不同，量测的 q_c 或 f_s 并不代表实际的真锥尖阻力 q_T 和真侧壁摩阻力 f_T，故应进行孔压修正。

$$q_T = q_c + K_c(1-a)u_t \tag{5-2}$$
$$f_T = f_s + K_s(1-b)Cu_t \tag{5-3}$$

式中　a——A_N 与 A_T 之比（$A_N = \frac{\pi}{4}d^2$，$A_T = \frac{\pi}{4}D^2$，d、D 分别为锥头直径和摩擦筒直径）；

b——摩擦筒下端受水压力面积 F_L 与摩擦筒上端受水压力面积 F_U 之比；

u_t——在锥头后近锥底处量测的孔压；

C——侧壁摩擦筒底端面积 F_L 与侧壁摩擦筒侧边面积之比；

K_c、K_s——由于孔压在探头不同部位变化的修正系数。

由于在不同土类中，孔压在探头不同部位的分布不同，故对于正常固结和微固结黏性土，$K_c \approx 0.8$；对于超固结黏性土，$K_c \geq 0$；对于砂土，$K_c \approx 1$。

在饱和软黏土中 q_c 很低，而 u_t 却很高，往往 $q_c > u_t$，把 q_c 修正为 q_T 就显得特别重要。砂土 u_t 接近于 u_0（初始孔隙水压力，即静水压力），当砂土 q_c 很高时，孔压修正就显得并不重要。

5. 孔压消散曲线初始段的修正

孔压消散曲线初始段有时会出现陡降或先升后降的现象，可用曲线板拟合后段曲线，然后向前延伸修正初始段曲线。

二、资料整理

1. 计算贯入阻力

比贯入阻力 p_s、锥头阻力 q_c、侧壁摩阻力 f_s、孔隙水压力 u 及摩阻比 R_f 应按下列公

式分别计算：

$$p_s = k_p \varepsilon_p \qquad (5-4)$$

$$q_c = k_q \varepsilon_q \qquad (5-5)$$

$$f_s = k_f \varepsilon_f \qquad (5-6)$$

$$u = k_u \varepsilon_u \qquad (5-7)$$

$$R_f = f_s / q_c \qquad (5-8)$$

式中　k_p、k_q、k_f、k_u ——p_s、q_c、f_s、u 对应的率定系数，kPa/pE 或 kPa/mV；

ε_p、ε_q、ε_f、ε_u ——单桥探头、双桥探头、摩擦筒及孔压探头传感器的应变量或输出电压，$\mu\varepsilon$ 或 mV。

径向固结系数 C_h 应按下式估算：

$$C_h = \frac{R_1^2}{t_{50}} T_{50} \qquad (5-9)$$

式中　T_{50} ——与圆锥几何形状、透水板位置有关的相应于孔隙水压力消散度达 50% 的时间因数（对于锥角为 $60°$、截面积为 $10cm^2$、透水板位于锥底处的孔压探头，取 $T_{50}=0.6$）；

R_1 ——探头圆锥底半径，cm；

t_{50} ——实测孔隙水压力消散度达 50% 的经历时间，s。

2. 设定绘制曲线比例尺

绘制各种触探曲线应选用适当的比例尺，例如：

（1）深度比例尺：1 个单位长度相当于 $1m$。

（2）q_c（或 p_s）：1 个单位长度相当于 $2MPa$。

（3）f_s：1 个单位长度相当于 $0.2MPa$。

（4）u：1 个单位长度相当于 $0.05MPa$。

（5）R_f：1 个单位长度相当于 1。

3. 绘制贯入阻力-深度关系曲线

以深度 h 为纵坐标，以 p_s、q_c、f_s、R_f、u 为横坐标，绘制 $p_s\text{-}h$、$q_c\text{-}h$、$f_s\text{-}h$、$R_f\text{-}h$ 及 $u\text{-}h$ 关系曲线。

4. 绘制孔隙水压力消散曲线

孔隙水压力消散曲线按下列规定绘制：

（1）数据取舍应符合下列规定：由于土的变异、孔压传感器含气以及操作等原因，实测的初始孔隙水压力滞后很多或波动太大的数据应舍弃。

（2）将消散数据归一化为超孔隙水压力，孔隙水压力消散度 $\overline{U}$ 应按下式计算：

$$\overline{U} = \frac{u_t - u_0}{u_1 - u_0} \qquad (5-10)$$

式中　u_t ——t 时刻孔隙水压力实测值，kPa；

u_0 ——初始孔隙水压力，即静水压力，kPa；

u_1 ——开始（或贯入）时（$t=0$）的孔隙水压力，kPa。

(3) 以孔隙水压力消散度为纵坐标，以时间为横坐标，绘制 $\overline{U}$-lg$t$ 关系曲线。

第六节 成 果 应 用

一、划分土层

静力触探试验的贯入阻力是土的综合力学指标，故可利用其随深度的变化对土层进行力学分层。分层时应先考虑静探曲线形态的变化趋势，再结合本地区的地层情况或钻探资料。

利用静力触探资料进行土层划分时，将表 5-4 给出的范围作为土层划分界限。即当 p_s 或 q_c 值不超过表 5-4 中所列的变动幅度时，可合并为一层。如有钻孔对比资料，则可进行对比分层，以提高分层的准确性。

表 5-4   **按贯入阻力变化幅度进行力学分层的并层标准**

p_s 或 q_c/MPa	最大贯入阻力与最小贯入阻力之比
≤1.0	1.0~1.5
1.0~1.3	1.5~2.0
>3.0	2.0~2.5

薄夹层不受表 5-4 限制，应以 $p_{smax} \leqslant 2$ 为分层标准，并结合记录曲线的线性与土的类别予以综合考虑。利用孔压触探资料，可以提高土层划分的能力和精度，分辨薄夹层的存在。

在静力触探过程中，上覆土层和下卧土层对试验结果均有影响，上覆土层对下卧土层的影响称为"滞后反映"，下卧土层对上覆土层的影响，称为"超前反映"，在分层时需要考虑触探曲线中的超前和滞后效应。界面处的超前与滞后反映段的总厚度，称为土层界面的影响范围。在密实土层和软弱土层交界处，往往出现这种现象，幅值一般为 10~20cm。其原因除了交界处土层本身的渐变性外，还有触探机理和仪器性能反应迟缓等方面的问题，应视具体情况加以分析。

另外还有一些经验分层方法，列举如下：

(1) 上下层贯入阻力相差不大时，取超前深度和滞后深度中点，或中点偏向小阻力值 5~10cm 处作为分层界面。

(2) 上下层贯入阻力相差 1 倍以上时，当由软层进入硬层或由硬层进入软层时，取软层最后一个（或第一个）贯入阻力小值偏向硬层 10cm 处作为分层层面。

(3) 如果贯入阻力 p_s 变化不大时，可结合 R_f 或 R_f 变化确定分层层面。

二、确定地基土的承载力

目前利用静力触探确定地基土的承载力都是根据对比试验结果提出的经验公式。建立经验公式的方法是将静力触探试验结果与载荷试验得到的比例界限值进行对比，并进行数据的相关分析得到用于特定地区或特定土性的经验公式。表 5-5 是不同单位得到的不同地区黏性土的经验公式，对于砂土，采用表 5-6 所列经验公式。

表 5-5 　　　　　　　　　黏性土静力触探承载力经验公式

f_0 单位为 kPa；p_s、q_c 单位为 MPa

序号	公 式	适 应 范 围	公 式 来 源
1	$f_0=183.4\sqrt{p_s}-46$	$0\leqslant p_s\leqslant 5$	铁道第三勘察设计院集团有限公司
2	$f_0=17.3p_s+159$ $f_0=114.8\lg p_s+124.6$	北京地区老黏性土； 北京地区新近代土	原北京市勘察处
3	$p_{0.026}=91.4p_s+44$	$1\leqslant p_s\leqslant 3.5$	湖北综合勘察院
4	$f_0=249\lg p_s+157.8$	$0.6\leqslant p_s\leqslant 4$	四川省综合勘察院
5	$f_0=45.3+86p_s$	无锡地区：$p_s=0.3\sim3.5$	无锡市建筑设计室
6	$f_0=1167p_s^{0.387}$	$0.24\leqslant p_s\leqslant 2.53$	天津市建筑设计院
7	$f_0=87.8p_s+24.36$	湿陷性黄土	陕西省综合勘察院
8	$f_0=80p_s+31.8$ $f_0=98q_s+19.24$ $f_0=44.7+44p_s$	黄土地基； 平川型新近堆积黄土	机械工业勘察设计研究院
9	$f_0=90p_s+90$	贵州地区红黏土	贵州省建筑设计院
10	$f_0=112p_s+5$	软土：$0.085<p_s<0.9$	铁道部（1988年）

表 5-6 　　　　　　　　　砂土静力触探承载力经验公式

序号	公 式	适 应 范 围	公 式 来 源
1	$f_0=20p_s+59.5$	粉细砂 $1<p_s<15$	用静探测定砂土承载力
2	$f_0=36p_s+76.6$	粉细砂 $1<p_s<10$	联合试验小组报告
3	$f_0=91.7\sqrt{p_s}-23$	水下砂土	铁道第三勘察设计院集团有限公司
4	$f_0=(25-33)q_c$	砂土	国外

对于粉土，采用下式：

$$f_0=36p_s+44.6 \tag{5-11}$$

式中，f_0 的单位为 kPa，p_s 的单位为 MPa。

《铁路工程地质原位测试规程》（TB 10018—2018）中天然地基基本承载力 σ_0 和极限承载力 p_u 分别按表 5-7 和表 5-8 确定。

表 5-7 　　　　　　　　　天然地基基本承载力（σ_0）计算公式

土 层 名 称		σ_0/kPa	p_s 值范围/kPa
黏性土（$Q_1\sim Q_2$）		$\sigma_0=0.1p_s$	2700~6000
黏性土（Q_4）		$\sigma_0=5.8\sqrt{p_s}-46$	$\leqslant 6000$
软土		$\sigma_0=0.112p_s+5$	85~800
砂土及粉土		$\sigma_0=0.89p_s^{0.63}+5$	$\leqslant 24000$
新黄土 Q_1、Q_2	东南带	$\sigma_0=0.05p_s+65$	500~5000
	西北带	$\sigma_0=0.05p_s+35$	650~5500
	北部边缘带	$\sigma_0=0.04p_s+40$	1000~6500

表 5-8　　　　　　　　　　天然地基极限承载力（p_u）计算公式

土层名称		p_u/kPa	p_s值范围/kPa
黏性土（$Q_1 \sim Q_2$）		$p_u = 0.14 p_s + 265$	2700~6000
黏性土（Q_4）		$p_u = 0.94 p_s^{0.8} + 8$	700~3000
软土		$p_u = 0.196 p_s + 15$	<800
粉、细砂		$p_u = 3.89 p_s^{0.58} - 65$	1500~24000
中、粗砂		$p_u = 3.6 p_s^{0.6} + 80$	800~12000
砂类土		$p_u = 3.74 p_s^{0.58} + 47$	1500~24000
粉土		$p_u = 1.78 p_s^{0.6} + 29$	≤8000
新黄土 Q_1、Q_2	东南带	$p_u = 0.1 p_s + 130$	500~4500
	西北带	$p_u = 0.1 p_s + 70$	650~5300
	北部边缘带	$p_u = 0.08 p_s + 80$	1000~6500

三、确定地基土的变形参数

静力触探试验结果也可以用于估算地基土的变形参数，如《铁路工程地质原位测试规程》（TB 10018—2018）中就有根据比贯入阻力 p_s 估算土体的压缩模量的经验关系，见表 5-9。

表 5-9　　　　　　　　　　　　土 的 E_s 值　　　　　　　　　　单位：MPa

土层名称	p_s/MPa								
	0.1	0.3	0.5	0.7	1	1.3	1.8	2.5	3
软土及一般黏性土	0.9	1.9	2.6	3.3	4.5	5.7	7.7	10.5	12.5
饱和砂类土	—	—	2.6~5.0	3.2~5.4	4.1~6.0	5.1~7.5	6.0~9.0	7.5~10.2	9.0~11.5
新黄土 Q_1、Q_3	—	—	—	—	1.7	3.5	5.3	7.2	9.0

土层名称	p_s/MPa								
	4	5	6	7	8	9	11	13	15
软土及一般黏性土	16.5	20.5	24.4	—	—	—	—	—	—
饱和砂类土	11.5~13.0	13.0~15.0	15.0~16.5	16.5~18.5	18.5~20.0	20.0~22.5	22.5~27.0	27.0~31.0	35.0
新黄土 Q_1、Q_3	12.6	16.3	20.0	23.6	—	—	—	—	—

注　1. E_s 为压缩曲线上 p_1（=0.1MPa）~p_2（=0.2MPa）压力段的压缩模量。

2. 粉土可按表列砂土 E_s 值的70%取值。

3. Q_3 及其以前的黏性土和新近堆积土应根据当地经验取值或采用原状土样做压缩试验。

4. 表内数值可线性内插，不可外延。

四、确定土的不排水抗剪强度

可用静力触探求饱和软黏土的不排水综合抗剪强度，目前用静力触探成果与十字板剪切试验成果对比，建立 p_s 和 c_u 之间的相关关系，以求得 c_u 值，其相关公式见表 5-10。

表 5 - 10   软土 c_u (kPa) 与 p_s、q_c (MPa) 的相关公式

公　式	适用范围	公式来源
$c_u = 30.8 p_s + 4$	$1 \leqslant p_s < 1.5$ 的软黏土	交通部一航局设研院；
$c_u = 71 q_c$	镇海软黏土	同济大学

五、确定土的内摩擦角

《铁路工程地质原位测试规程》（TB 10018—2018）中就有根据比贯入阻力 p_s 确定砂土内摩擦角的经验关系，见表 5 - 11。

表 5 - 11   砂 土 的 内 摩 擦 角 φ

p_s/MPa	1	2	3	4	5	11	15	30
φ/(°)	29	31	32	33	34	36	37	39

《铁路工程地质原位测试规程》（TB 10018—2018）规定，超固结比 OCR≤2 的正常固结和轻度超固结的软黏性土，当贯入阻力 p_s（或 q_c）随深度线性递增时，其固结快剪内摩擦角（φ_{cu}）可用下列公式估算：

$$\tan\varphi_{cu} = \frac{\Delta c_u}{\Delta \sigma'_{v0}} \tag{5-12}$$

$$\Delta \sigma'_{v0} = (\gamma - \gamma_w) \Delta d \tag{5-13}$$

$$\Delta c_u = 0.04 \Delta p_s \tag{5-14}$$

式中　Δd——线性化触探曲线上任意两点间的深度增量，m；

　　　Δc_u——对应于 Δd 的不排水抗剪强度增量，可按式（5-14）计算，kPa；

　　　Δp_s——对应于 Δd 的贯入阻力增量，kPa；

　　　$\Delta \sigma'_{v0}$——土的自重应力增量，kPa；

　　　γ——土的容重，kN/m³。

六、确定砂土的相对密实度

石英质砂类土的相对密实度（D_r）可参照表 5 - 12 确定［《铁路工程地质原位测试规程》（TB 10018—2018）］。

表 5 - 12   石英质砂类土的相对密实度 D_r

密实程度	p_s/MPa	D_r
密实	$p_s \geqslant 14$	$D_r \geqslant 0.67$
中密	$14 > p_s > 6.5$	$0.67 \geqslant D_r > 0.40$
稍密	$6.5 \geqslant p_s \geqslant 2$	$0.40 \geqslant D_r \geqslant 0.33$
松散	$p_s < 2$	$D_r < 0.33$

七、估算土的固结系数

根据孔压静力触探试验的孔压消散数据，可采用式（5-15）估算土的固结系数。

$$c_v = \frac{T_{50}}{t_{50}} r_0^2 \tag{5-15}$$

式中　c_v——试验点土体的固结系数，cm²/s；

T_{50} ——相当于50%固结度的时间因数,当滤水器位于探头锥肩位置时,其取值为 6.87;当滤水器位于探头锥面时,其取值为1.64;

t_{50} ——超孔隙水压力消散度达到50%时的历时,s;

r_0 ——孔压探头的半径,cm。

八、估算单桩承载力

静力触探试验可以看作是一小直径桩的现场载荷试验。对比结果表明,用静力触探成果估算单桩极限承载力是行之有效的。下面以《铁路工程地质原位测试规程》(TB 10018—2018)中关于单桩承载力的计算为例进行介绍。

1. 打入钢筋混凝土预制桩的极限承载力

打入钢筋混凝土预制桩的极限承载力 Q_u 可根据双桥探头触探参数按下列公式及要求计算:

$$Q_u = U \sum_1^n h_i \beta_i \overline{f_{si}} + \alpha A_c q_{cp} \tag{5-16}$$

式中 U ——桩身周长,m;

h_i ——桩身穿过的第 i 层土厚度,m;

A_c ——桩底(不包括桩靴)全断面面积,m^2;

$\overline{f_{si}}$ ——第 i 层土的触探侧阻平均值,kPa;

q_{cp} ——桩底触探端阻计算值;

β_i、α ——第 i 层土的极限摩阻力桩尖土的极限承载力综合修正系数。

式(5-16)中的 q_{cp}、β_i、α 应根据桩侧土和桩端土性质应按下列要求计算:

(1)当桩底高程以上 $4d$(d 为桩径)范围内平均端阻 $\overline{q_{cp1}}$ 小于桩底高程以下 $4d$ 范围内平均端阻 $\overline{q_{cp2}}$ 时,取

$$q_{cp} = (\overline{q_{cp1}} + \overline{q_{cp2}})/2 \tag{5-17}$$

反之,则取

$$q_{cp} = \overline{q_{cp2}} \tag{5-18}$$

(2)当桩侧第 i 层土平均端阻 $\overline{q_{ci}} > 2000$kPa,且相应的摩阻比 $\overline{f_{si}}/\overline{q_{ci}} \leqslant 0.014$ 时,有

$$\beta_i = 5.067 (\overline{f_{si}})^{-0.45} \tag{5-19}$$

$\overline{q_{ci}}$ 及 $\overline{f_{si}}/\overline{q_{ci}}$ 不能同时满足上述条件时,有

$$\beta_i = 10.045 (\overline{f_{si}})^{-0.55} \tag{5-20}$$

由式(5-19)和式(5-20)计得 $\beta_i \overline{f_{si}} > 100$kPa 时,宜取 $\beta_i \overline{f_{si}} = 100$kPa。

(3)当 $\overline{q_{cp2}} > 2000$kPa 且相应的摩阻比 $\overline{f_{s2}}/\overline{q_{cp2}} \leqslant 0.014$ 时,有

$$\alpha = 3.975 (q_{cp})^{-0.25} \tag{5-21}$$

如 $\overline{q_{cp2}}$ 及 $\overline{f_{s2}}/\overline{q_{cp2}}$ 不能同时满足上述条件时,有

$$\alpha = 12.064 (q_{cp})^{-0.35} \tag{5-22}$$

2. 混凝土钻孔灌注桩及沉管灌注桩极限承载力

混凝土钻孔灌注桩及沉管灌注桩的极限承载力可按式(5-16)估算,但式中的综合

修正系数 β_i 和 α 值应按下列规定计值：

（1）钻孔灌注桩：

$$\beta_i = 18.24(\overline{f_{si}})^{-0.75} \tag{5-23}$$

$$\alpha = 130.53(q_{cp})^{-0.76} \tag{5-24}$$

（2）沉管灌注桩：

$$\beta_i = 4.14(\overline{f_{si}})^{-0.4} \tag{5-25}$$

当桩底高程以下 $4d$ 范围内的摩阻比 R_f（%）$>0.1013\overline{q_{cp2}}+0.32$ 时，有

$$\alpha = 1.65(q_{cp})^{-0.14} \tag{5-26}$$

当桩底高程以下 $4d$ 范围内的摩阻比 R_f（%）$\leqslant 0.1013\overline{q_{cp2}}+0.32$ 时，有

$$\alpha = 0.45(q_{cp})^{-0.09} \tag{5-27}$$

九、判定地震时饱和砂土液化的可能性

当用静力触探试验对地面下 15m 深度范围内的饱和砂土或饱和粉土进行液化判别时，可按式（5-28）～式（5-31）计算。当实测值小于临界值时，可判为液化土。

$$p_{scr} = p_{s0}\alpha_w\alpha_u\alpha_p \tag{5-28}$$

$$q_{ccr} = q_{c0}\alpha_w\alpha_u\alpha_p \tag{5-29}$$

$$\alpha_w = 1 - 0.065(d_w - 2) \tag{5-30}$$

$$\alpha_u = 1 - 0.05(d_u - 2) \tag{5-31}$$

式中　　p_{scr}、q_{ccr}——饱和砂土液化判别静力触探比贯入阻力和锥尖阻力临界值，MPa；

p_{s0}、q_{c0}——$d_w=2$、$d_u=2$ 时，饱和砂土液化判别静力触探比贯入阻力和锥尖阻力基准值，MPa；

α_w——地下水位埋深影响系数，地面长年有水且与地下水有水力联系时，取 1.13；

α_u——上覆非液化土层厚度影响系数，对于深基础，$\alpha_u=1$；

d_w——地下水位深度，m；

d_u——上覆非液化土层厚度，计算时应将淤泥和淤泥质土层厚度扣除，m；

α_p——与静力触探摩阻比有关的土性修正系数，按表 5-13 取值。

表 5-13　　　　　　　　　　　土性修正系数 α_p 值

土类	砂土	粉土	
静力触探摩阻比 R_f	$R_f \leqslant 0.4$	$0.4 < R_f \leqslant 0.9$	$R_f > 0.9$
α_p	1.0	0.6	0.45

静力触探还可用来检验压实填土的密度和均匀程度、检验地基加固效果、检测水泥土桩成桩质量等，限于篇幅，不再一一列举，读者可参阅有关规范和著作。

第六章 原位波速测试

第一节 概 述

在土动力分析计算和地基土液化评价中，需要地层的动弹性模量 E_d、动剪切模量 G_d 及剪切波波速 v_S，测试原位场地地层的波速并由此计算动弹性模量及动剪切模量被认为是最可靠的方法之一。在地基液化判别和地基卓越周期计算时都需要地基土的剪切波速。

原位波速试验的目的是测定波在地层中的传播速率，试验时，测量纵波或横波在已知距离的两点间传播所需时间，计算得到波在土层中的传播速率。由纵波波速和横波波速计算出土体在小应变（$10^{-6} \sim 10^{-5}$）条件下的动力参数。

岩土体在外力作用下将产生变形，该变形可分为弹性变形和塑性变形两类，岩土体产生哪类变形不仅与外力大小有关，还与外力作用时间有关。当外力很小且作用时间很短时，自然界中的大部分岩土体都近似于弹性体。在波速测试中，岩土体受到很小的冲击力或周期力且作用的时间很短，在此过程中，岩土体变形非常小，应变很小，因而可将波速测试中的岩土介质视为完全弹性体。在弹性介质的内部，各质点间存在弹性联系，可用弹簧模型来描述这些联系。当某些质点受力作用而产生弹性位移时，也就产生了与之对抗的弹性恢复力，迫使这些质点产生反向位移，这样造成这些质点在平衡位置附近发生弹性振动。由于质点间的弹性联系，一个质点的振动必然会引起它周围的质点振动，这样，振动的质点从某点开始，向周围传播，这种振动的传播叫作弹性波。由震源传出去的波包括体波和面波。体波包括纵波（又称为压缩波，简称 P 波）和横波（又称为剪切波，简称 S 波），纵波质点振动方向与波传播方向一致，横波质点振动方向与波传播方向垂直，横波质点振动又可分解为垂直面内极化的 SV 波和水平面内极化的 SH 波。体波由震源沿着半球形面向四周传播，体波振幅与传播距离成反比。面波包括瑞利波（简称 R 波）和乐夫波（简称 L 波），是由体波在地表附近相互干涉产生的次生波，沿着地表传播。面波振幅的衰减要比体波慢得多，即振幅与传播距离平方根的倒数成比例减小。面波成分中主要是瑞利波，质点振动轨迹为椭圆，其长轴垂直于地面，旋转方向与波的传播方向相反。

弹性波和面波的传播与介质密切相关，故通过岩土层的波速测试可以解决工程地质、工程抗震等领域中的诸多问题。

岩土工程原位波速测试方法主要有钻孔法（包括单孔法和跨孔法）和稳态振动面波法（又称面波法）。

第二节 试 验 原 理

一、单孔法

单孔法只钻取一个钻孔，可在地面激振，孔底接收，称下孔法；也可孔底激振，地面接收，称上孔法。单孔法所测得的波速代表地表至测点间土层的平均波速，常用于地层软硬变化大和层次较少或岩基上为覆盖层的地层中。

上孔法由于检波器放置在地表，记录到的波形易受场地噪声等外来因素干扰，造成波形识别困难，故原位波速试验常采用下孔法。本书以下孔法为例进行介绍。

如图 6-1 所示，常用的振源激发装置是一定尺寸的混凝土板或木板，板的长度方向中垂线应对准测试孔中心，孔口与板的距离宜为 1~3m，板上放置重物。当用锤水平敲击板端部时，板与地面摩擦而产生水平剪切波。将检波器用扩展装置固定在孔内的不同深度处以接收剪切波。测试应自下而上进行。在每一个试验深度上，应重复试验多次。

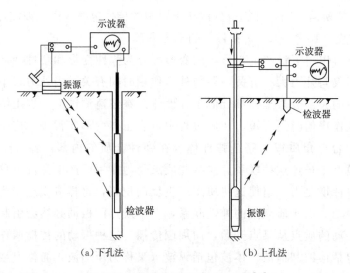

（a）下孔法　　　　　　（b）上孔法

图 6-1 单孔法波速试验布置图[15]

当进行压缩波测试时，压缩波振源可通过在竖直方向锤击混凝土板或木板获得。

根据波形记录，先确定波的传输时间，再由测点深度、振源与孔口距离计算出波的传输距离，计算波速及动剪切模量。

二、跨孔法

在测试场地上，钻取两个或两个以上钻孔，在其中一孔的不同深度处设置振源，在其余孔的相应深度处放置检波器（图 6-2）。试验时激发振源，检波器接收由振源发出并经过土体的剪切波，由示波器记录下来，由此测出剪切波自激发至接收的时间间隔，根据发射孔与接受孔的间距即可算得剪切波在土中的传播速度及动剪切模量。

跨孔法应用最普遍，对于成层土层是一种很有用的方法，常用于多层地层的场地条件。

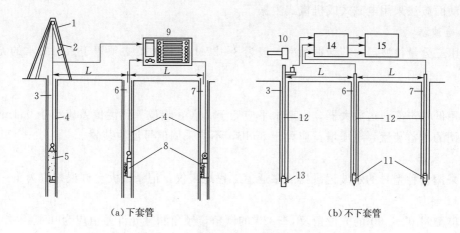

（a）下套管　　　　　　　　　　（b）不下套管

图 6-2　跨孔法波速试验布置图[1]

1—三脚架；2—绞车；3—振源孔；4—套管；5—井下剪切波锤；6—接收孔 1；7—接收孔 2；

8—井下检波器；9—信号增强地震仪；10—锤子；11—检波器；12—钻杆；13—取土器；

14—测振放大器；15—振子示波器

三、稳态振动面波法

稳态振动面波法的基本原理是在地表放置一激振器（图 6-3），启动后，在地表施加一定频率的稳态强迫振动，其能量以振动波的形式向半空间扩散，测定不同激振频率下瑞利波（R 波）速度弥散曲线（即 R 波波速与波长关系曲线），可以计算一个波长范围内的平均波速。

稳态振动面波法不需打孔，适宜于均匀、单一地层，但测试深度较浅。

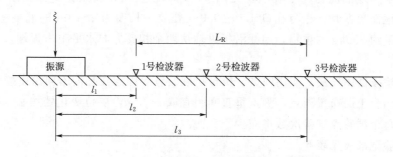

图 6-3　稳态振动面波法波速试验布置图[1]

第三节　试　验　仪　器

波速试验所用的主要仪器设备由激振器、检波器、放大器、记录器、测斜仪、零时触发器和套管组成。

1. 激振器

可采用机械震源、电火花等，但最常用的是采用能正反向重复激振的井下剪切波锤。

稳态振动面波法采用电磁式或机械式激振。

2. 检波器

采用三分量检波器，其谐振频率一般为 $8 \sim 27\text{Hz}$，检波器必须置于密封防水的无磁性圆筒内。

3. 放大器

采用低噪声多通道放大器，噪声水平应低于 $2\mu\text{V}$，相位一致性偏差应小于 0.1ms，并配有可调的增益装置，电压增益应大于 80dB，不应采用信号滤波装置。

4. 记录器

可采用各种型号的示波记录器或多通道工程地震仪，记录最大允许误差应为 $1 \sim 2\text{ms}$。

5. 测斜仪

应能测量 $0° \sim 360°$ 的方位角及 $0° \sim 30°$ 的倾角，倾角测量允许差值应为 $0.1°$。

6. 零时触发器

采用压电晶体触发器或机械触发装置，其升压时间延迟应不大于 0.1ms。

7. 套管

套管用内径为 $76 \sim 85\text{mm}$、壁厚为 $6 \sim 7\text{mm}$ 的硬聚氯乙烯塑料管。

第四节　测　试　方　法

一、单孔法

(1) 在所选定的试验点沿垂向进行钻孔，并绘制钻孔柱状图，将三分量检波器固定在孔内预定深度处，并紧贴孔壁。

(2) 可采用地面激振［下孔法，见图 6-1 (a)］或孔底激振［上孔法，见图 6-1 (b)］。进行地面激振时，在距孔口 $1.0 \sim 3.0\text{m}$ 处放一长度为 $2 \sim 3\text{m}$ 的混凝土板或木板，木板上应放置约 500kg 的重物，用锤沿板纵轴从两个相反方向水平敲击板端，使地层产生水平剪切波。

(3) 将检波器用气囊，或用弹簧、机械扩展装置等固定在孔内不同深度接受剪切波。

(4) 应结合土层布置测点，测点垂直间距宜取 $1 \sim 3\text{m}$，层位变化处加密，测试应自下而上进行，每个试验点试验次数不应少于 3 次。

(5) 试验记录表见表 6-1。

二、跨孔法

(1) 试验孔布置 (图 6-2) 应符合下列规定：

1) 振源孔和测试孔应布置在一条直线上，试验孔应尽量布置在地表高程相差不大的地段，若地表起伏较大，必须准确测量孔口高程。

2) 一组试验布置 3 个孔，试验孔的间距在土层中宜取 $2 \sim 5\text{m}$（当土层较厚而均匀，锤击能量大时，间距可适当加大，这样钻孔不平行的影响较小，精度较高），在岩层中宜取 $8 \sim 15\text{m}$，测点垂直间距宜取 $1 \sim 2\text{m}$，近地表测点宜布置在 2/5 孔距的深处，振源和检波器应置于同一地层的相同标高处，并绘制钻孔柱状图。在保证直达波首先到达检波器的前提下，孔距可根据地层厚度、测试要求适当调整。

表 6-1　　　　　　　　　　　　　单孔法波速试验记录表

任务单号		试验者	
试验日期		计算者	
试验仪器名称及编号		校核者	

深度 /m	地层 名称	测试 深度 /m	间距 /m	斜距 校正 系数 k	波传至波速层 底面的时间 T/ms		波传至波速层 顶面的时间 T'/ms		时差 /ms		波速 /(m/s)	
					T_P	T_S	T'_P	T'_S	$\Delta T'_P$	$\Delta T'_S$	v_P	v_S

钻孔间力求平行以便计算不同深度处的钻孔间距。为准确地算出各测点的直达波传播距离，当孔深大于 15m 时，须用测斜仪对各试验孔进行倾斜度的测量。

钻孔的平面布置可用二孔也可用多边形，即一孔激发，多孔接收。由于振源触发器开关的延迟以及波的传播路径改变等因素的影响，所产生的计时误差无法估算，影响了波速值的准确度。建议每组试验采用 3 个钻孔，并布置在一条直线上，取间隔速度值，则排除了震源装置等一系列因素的影响。

（2）先将一组试验孔一次全部钻好，接着在孔内安置好塑料套管，并在孔壁与套管的间隙内灌浆或用砂充填。

（3）灌浆前按照 1∶1∶6.25 的比例将水泥、膨润土和水搅拌成混合物。然后用移动式循环高压泥浆泵，通过放到孔底的灌浆管，从孔底向上灌浆，直到灌满孔壁与套管的间隙，并且孔口溢流出的泥浆浓度（或密度）与预先搅拌的泥浆浓度（或密度）相等为止。

（4）待灌浆或填砂后 3～6d，方可进行测试。

（5）为准确地算出各测点的直达波传播距离，当测试孔深度大于 15 m 时，应进行激振孔和测试孔倾斜度和倾斜方位的量测，测点间距宜取 1m。

（6）将井下剪切波锤利用气囊，或用弹簧、机械扩展装置等固定。然后拉动上、下质量块，上、下冲击固定锤体，使土层水平向产生剪切波，用放入孔内贴壁式三分量检波器由上往下逐点测量。从孔口往下 2/5 孔距处为第 1 个测点，然后以 1～2m 的间距连续测量。每个地层一般要有 2～5 个测点，每个测点需测量 2～4 次。每次测试时，振源中心和检波器中心须在同一高程上。

钻孔中测点的布置应考虑地层的情况。如事先了解地层分布，可等间隔布置。为降低波折射的干扰程度，第一个测点深度宜设在孔口以下 0.4 倍孔距处；在软硬土层交界面处，应布置在硬地层中，以免测到折射波而不是直达波。

（7）当用分段钻进分段测试时，待钻至预定测试深度后，提出钻机，将振源装置和检波器分别放入各钻孔底，进行测试。采用此方法时，为确保将振源装置和检波器顺利放到所测深度处，孔底残余扰动土厚度应小于 10cm，否则应重新清除孔底浮土。

（8）试验记录表见表 6-2。

表 6-2   跨孔法波速试验记录表

任务单号		试验者	
试验日期		计算者	
钻孔排列方位		校核者	
试验仪器名称及编号			

深度 /m	土层 名称	测斜后实际水平距离/m			波的传播时间/ms						波速/(m/s)					
		$S-R_1$	$S-R_2$	R_1-R_2	$S-R_1$		$S-R_2$		R_1-R_2		$S-R_1$		$S-R_2$		R_1-R_2	
					t_P	t_S	t_P	t_S	t_S	t_P	v_P	v_S	v_P	v_S	v_S	v_P

注   S 代表振源；R_1、R_2 和 R_3 分别表示 1 号、2 号和 3 号检波器。

三、稳态振动面波法

（1）选择试验场地，并进行整平。

（2）可采用瞬态法或稳定法，宜采用低频检波器，间距可根据场地条件通过试验确定，以振源作为测线零点，在振源一边布置 2 个或 3 个检波器（图 6-3）。

（3）选择合适的激振频率，开启激振器，由拾振器接受瑞利波。

（4）当两检波器接收到的振动波有相位差时，表明两检波器的间距 Δl 不等于瑞利波波长 L_R，因此，移动其中任一检波器，使两检波器记录的波形同相位（相位差 2π 的整数倍），然后在同一频率下，移动检波器至 2 个波长或 3 个波长处，$L=L_R，2L_R，3L_R\cdots$ 进行测试。试验应重复多次，一般 5 组即可。

（5）试验记录表见表 6-3。

表 6 - 3　　　　　　　　　　稳态振动面波法波速试验记录表

任务单号			试验者	
试验地点			计算者	
试验日期			校核者	
试验仪器名称及编号				

激振频率 f /Hz	检波器与振源间距离/m			波长 $L_R = l_3 - l_1$ /m	波速 $v_R = L_R f$ /(m/s)
	l_1	l_2	l_3		

第五节　资　料　整　理

一、波形识别与波速计算

在各测点的原始波形记录上识别出压缩波（P 波）序列和剪切波（S 波）序列，第 1 个起跳点即为压缩波的初至。然后，根据下列特征识别出第 1 个剪切波的到达点：

(1) 波幅突然增至压缩波幅 2 倍以上，如图 6 - 4 （a）所示。

(2) 周期比压缩波周期至少增加 2 倍以上，如图 6 - 4 （b）所示。

(3) 若采用井下剪切波锤作振源，一般压缩波的初至极性不发生变化，而第一个剪切波到达点的极性产生 180°的改变，所以，极性波的交点即为第一个剪切波的到达点，如图 6 - 4 （c）所示。

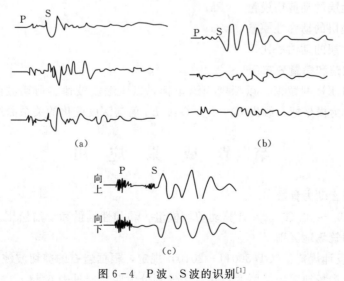

图 6 - 4　P 波、S 波的识别[1]

计算激振点与检波点之间的距离，对于跨孔法，如孔有偏斜，应对孔距进行校准。

压缩波、剪切波和瑞利波的波速应按下列公式计算，其最大允许误差应为±5%。

$$v_P = \frac{L_P}{t_P} \tag{6-1}$$

$$v_S = \frac{L_S}{t_S} \tag{6-2}$$

$$v_R = \frac{L_R}{t_R} = \frac{L_R}{2\pi/\omega} = L_R f \tag{6-3}$$

式中　v_P、v_S、v_R——压缩波、剪切波和瑞利波的波速，m/s；

L_P、L_S、L_R——压缩波、剪切波和瑞利波的传播距离（激振点与检波点的距离），m；

t_P、t_S、t_R——各波从激振点传至检波点所需的时间，s；

ω——简谐波的圆频率，rad/s。

动剪切模量、动弹性模量和泊松比应按下列公式计算：

$$G_d = \rho v_S^2 \tag{6-4}$$

$$E_d = \frac{\rho v_S^2(3v_P^2 - 4v_S^2)}{v_P^2 - v_S^2} \tag{6-5}$$

或

$$E_d = \rho v_S^2(1 + 2\mu_d) \tag{6-6}$$

$$E_d = \frac{\rho v_P^2(1 + \mu_d)(1 - 2\mu_d)}{1 - \mu_d} \tag{6-7}$$

$$\mu_d = \frac{\left(\frac{v_P}{v_S}\right)^2 - 2}{2\left(\frac{v_P}{v_S}\right)^2 - 2} \tag{6-8}$$

式中　G_d——地层的动剪切模量，kPa；

E_d——地层的动弹性模量，kPa；

μ_d——地层的动泊松比。

二、绘制波速和模量分布图

根据整理和计算的数据，以深度为纵坐标，以压缩波波速、剪切波波速、动剪切模量、动弹性模量为横坐标，绘出 v_P、v_S、G_d、E_d 值与深度变化的关系曲线。

第六节　成　果　应　用

一、计算岩土动力参数

按式（6-4）～式（6-8）计算动剪切模量、动弹性模量和动泊松比。

二、划分建筑场地类别

《建筑抗震设计规范》（GB 50011—2010）规定，根据岩石的剪切波波速（或土层的等效剪切波波速）和场地覆盖层厚度将建筑场地划分为四类，见表6-4。

表 6-4   各类建筑场地覆盖层厚度   单位：m

岩石的剪切波速 v_S 或土层的等效剪切波速 v_{Se}/(m/s)	场 地 类 别				
	I_0	I_1	II	III	IV
$v_S > 800$	0				
$800 \geqslant v_S > 500$		0			
$500 \geqslant v_S > 250$		<5	$\geqslant 5$		
$250 \geqslant v_S > 150$		<3	3~50	>50	
$v_S \leqslant 150$		<3	3~15	15~80	>80

一般情况下，覆盖层厚度为地面至剪切波波速大于 500m/s 且其下卧各层岩土的剪切波波速均不小于 500m/s 的土层顶面的距离；当地面 5m 以下存在剪切波波速大于其上部各土层剪切波波速 2.5 倍的土层，且该层及其下卧各层土的剪切波波速均不小于 400m/s 时，地面至该土层顶面的距离即为覆盖层厚度。确定覆盖层厚度时，剪切波波速大于 500m/s 的孤石、透镜体，应视同周围土层；土层中的火山岩硬夹层，应视为刚体，其厚度应从覆盖土层中扣除。

土层的等效剪切波波速按式（6-9）和式（6-10）计算。

$$v_{Se} = \frac{d_0}{t} \qquad (6-9)$$

式中　d_0——计算深度，m，取覆盖层厚度和 20m 两者的较小值；

　　　t——剪切波在地面至计算深度之间的传播时间，s。

$$t = \sum_{i=1}^{n} \frac{d_i}{v_{Si}} \qquad (6-10)$$

式中　d_i——计算深度内第 i 层土的厚度，m；

　　　v_{Si}——计算深度内第 i 层土的剪切波波速，m/s；

　　　n——计算深度内的土层数。

三、计算建筑场地地基卓越周期

从震源发出的地震波在土层中传播时，经过不同土层界面的多次反射，将出现不同周期的地震波。若某一周期的地震波与地基土层固有周期相近，由于共振的作用，这种地震波的振幅将得到放大，此周期称为卓越周期。卓越周期的实质是波的共振，即当地震波的振动周期与岩土体的自振周期相同时，由于共振作用而使地表振动加强。

在抗震设计中，地基卓越周期是防止建筑物与地基产生共振的依据。卓越周期按下式计算：

$$T_c = 4 \sum_{i=1}^{n} \frac{H_i}{v_{Si}} \qquad (6-11)$$

式中　T_c——地基卓越周期，s；

　　　H_i——计算深度内第 i 层土的厚度，m；

　　　v_{Si}——计算深度内第 i 层土的剪切波速，m/s。

四、判定砂土地基液化

地面以下 15m 深度范围内饱和砂土或饱和粉土的实测剪切波速小于按式（6-12）计

算的剪切波速临界值时不液化，否则就有液化的可能。

$$v_{Scr} = v_{S0} (d_S - 0.0133 d_S^2)^{0.5} \left(1 - 0.185 \frac{d_w}{d_S}\right) \sqrt{\frac{3}{p_c}} \tag{6-12}$$

式中　　v_{Scr}——饱和砂土或饱和粉土液化剪切波速临界值，m/s；

　　　　v_{S0}——与地震烈度、土类有关的经验系数，按表6-5取值；

　　　　d_S——剪切波速测点深度，m；

　　　　d_w——地下水位深度，m；

　　　　p_c——黏粒含量百分率，当小于3％或为砂土时，应采用3。

表6-5　　　　　　　　与地震烈度、土类有关的经验系数 v_{S0}　　　　　　单位：m/s

土类	地 震 烈 度		
	Ⅶ度	Ⅷ度	Ⅸ度
砂土	65	95	130
粉土	45	65	90

五、检验地基加固处理的效果

　　常规的载荷试验、静力触探、动力触探、标贯试验能提供地基加固处理后承载力的可靠资料。但如能在地基加固处理的前后进行波速测试，则可得到评价地基承载力的辅助资料。因为地层波速与岩土的密实度、结构等物理力学指标密切相关，而波速测试（如瑞利波法）测试效率高，掌握的数据面广，而成本低。将波速法与载荷试验等结合使用，无疑是地基加固处理后评价的经济有效手段。

第七章 三轴压缩试验

第一节 概　述

　　三轴压缩试验是在一定的固结应力和排水条件下获取土样的应力-应变关系，测定土体的抗剪强度指标。该试验能反映应力路径和应力历史对土体工程性质的影响，获得土体在不同排水条件和应力路径下的变形性能与破坏特征，得到土的抗剪强度指标和变形参数，为支挡结构土压力计算、边坡稳定分析计算、地基承载力计算等岩土工程问题提供计算参数。

　　三轴压缩试验与直剪试验相比，有以下优点：①能控制试验过程中试样的排水条件；②可量测试样固结和排水过程中的孔隙水压力，进而获得试样的有效应力；③试样内应力分布比较均匀。

　　根据试验过程中排水条件的不同，将三轴压缩试验分为不固结不排水剪切试验（unconsolidated undrained shear test，UU）、固结不排水剪切试验（consolidated undrained shear test，CU）和固结排水剪切试验（consolidated drained shear test，CD）三种类型。

第二节 试　验　原　理

一、三轴压缩试验的依据

　　三轴压缩试验和直剪试验一样，依据土体抗剪强度的基本规律——莫尔-库仑定律整理试验成果，获得土体抗剪强度指标。三轴试验与直剪试验不同的是：三轴试验采用圆柱状试样，三个方向受力，不给定剪切破坏面；而直剪试验两个方向受力，给定剪切破坏面。

　　如图 7-1 所示，一立方单元土体，在其三个相互垂直面上作用三个主应力 σ_1、σ_2 和 σ_3，主应力的三个正交轴称为三轴。在实际试验条件下，若采用三个方向独立加载，该试验称为真三轴试验。真三轴试验加载装置复杂，且有一定的难度。一般工程地基较多的应力状态是水平向两个主应力值相等或者接近，和竖向主应力值差异较大，即图 7-1 所示 $\sigma_2 = \sigma_3 \neq \sigma_1$ 的应力状态。因此，三轴试验将试样制作成一圆柱体，在试样的周围施加各向相等压力，再在竖向施加一个轴向压力，即在土体中实现相当于水平向两个主应力相等、竖直方向为另一主应力的拟（准）三轴受力状态。因此严格地说，以圆柱体为试

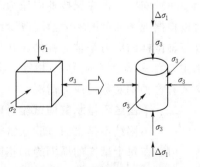

图 7-1　土体单元体在三轴条件下的受力示意图

样的三轴试验，是一种拟（准）三轴试验，也称常规三轴压缩试验。

常规三轴压缩试验（简称三轴试验）的试样为圆柱状，如图 7-2 所示。试验过程中测量的主要参数有：①周围压力 σ_3；②竖向应力增量 q；③竖向变形量 Δl；④试样底部的孔隙水压力 u；⑤试样顶部接排水管量测试样排水量；⑥反压力 σ_b。

通过三轴试验获得了土体在主应力面上的应力状态，如何将应力状态从主应力面映射到破坏面中去呢？图 7-3 所示为基于莫尔-库仑强度理论得到的库仑强度线，其上 A 点代表破坏面上的应力状态。根据材料力学知识，过点 A 做强度线的垂线，交法向应力轴于点 O_1，并以点 O_1 为圆心，O_1A 的距离为半径画圆，交法向应力轴于 M、N 两点。圆 O_1 就是土体在破坏时刻的极限莫尔圆，点 M、N 分别代表了土体破坏时刻的大主应力和小主应力。反之，如果试验中确定了土体破坏时的大、小主应力，就能够绘制一个极限莫尔圆，而对应于不同极限莫尔圆的公切线，即是土体的库仑强度线，若强度线为一直线，则该直线与纵坐标的截距和直线的倾角分别为莫尔-库仑强度理论的抗剪强度指标——凝聚力 c 和内摩擦角 φ。

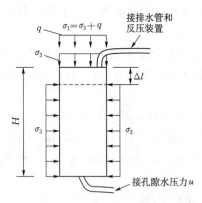

图 7-2　三轴试验试样示意图

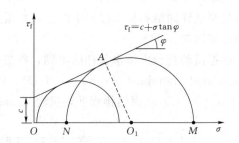

图 7-3　土体极限平衡状态时库仑强度包线与破坏莫尔圆关系示意图

三轴是对一个竖向和两个侧向而言，由于试样为圆柱形，因此，两个侧向（或称周围）的应力相等并为小主应力 σ_3，而竖向（或轴向）的应力为大主应力 σ_1。在增加 σ_1 时保持 σ_3 不变，这样条件下的试验称为常规三轴压缩试验。三轴仪经过适当改造，就能保持轴向压力不变而减小侧向压力做另一种轴向压缩试验。此外，还可以保持侧向压力不变而减小轴向压力，或保持轴向压力不变而增大侧向压力做轴向拉伸试验。总之，三轴试验可以根据现场加荷的实际情况改变试验的轴向压力或侧向压力，模拟实际的应力路径。但是三轴试样的应力是轴对称的，在压缩试验时中主应力 σ_2 与小主应力 σ_3 相等，在拉伸时中主应力 σ_2 与大主应力 σ_1 相等，实际上只有在无限大基础或圆形基础中心线下面的地基中才有这种轴对称的应力情况。

二、不固结不排水剪切试验（UU）

一组不固结不排水剪试验通常需 4 个试样，试验过程如下：

（1）在每个试样的周围施加相同的初始固结应力 σ_0，待其固结完成后，测量试样轴向变形量 Δl_0 和体积变化 ΔV_0。

（2）对各个试样分别施加不同的围压增量 $\Delta \sigma_3$，在 $\Delta \sigma_3$ 作用期间不允许试样固结排水，

但需量测由 σ_3 产生的孔隙水压力 $u = \Delta u_1$。

（3）施加竖向偏应力 q（q 自 0 开始增加。至试样破坏时达到最大值 q_{max}）。施加 q 的过程中也不允许试样排水。在施加 q 的过程中，测量 q 的数值、由 q 产生的轴向应变 ε_1 和孔隙水压力 $u = \Delta u_1 + \Delta u_2$（$\Delta u_2$ 为由 q 产生的孔隙水压力）。

《土工试验方法标准》（GB/T 5012—2019）及其他土工试验标准中规定，原状土 UU 试验步骤为：施加围压 σ_3，在不排水条件下测量由 σ_3 产生的孔隙水压力 u，即试样的 $\sigma_2 = \sigma_3 = \sigma_1$ 一次施加，且在 σ_3 作用下不排水；然后施加竖向偏应力 q，至试样破坏为止，在施加 q 的过程中量测 q、轴向应变 ε_1 和孔隙水压力 u。

在 UU 试验剪切过程中试样的应力状态为：

总应力：

$$\left.\begin{aligned} \sigma_1 &= \sigma_0 + \Delta\sigma_3 + q \\ \sigma_3 &= \sigma_0 + \Delta\sigma_3 \end{aligned}\right\} \tag{7-1}$$

有效应力：

$$\left.\begin{aligned} \sigma_1' &= \sigma_1 - u = \sigma_1 - \Delta u_1 - \Delta u_2 \\ \sigma_3' &= \sigma_3 - u = \sigma_3 - \Delta u_1 - \Delta u_2 \end{aligned}\right\} \tag{7-2}$$

由 UU 试验测量得到的孔隙压力系数为

$$\left.\begin{aligned} B &= \frac{\Delta u_1}{\Delta\sigma_3} \\ \bar{A} &= \frac{\Delta u_2}{q} = \frac{u - \Delta u_1}{q} \\ A &= \frac{\bar{A}}{B} \\ \bar{B} &= B\left[A + (1-A)\frac{\Delta\sigma_3}{\Delta\sigma_1}\right] \end{aligned}\right\} \tag{7-3}$$

式（7-1）~式（7-3）中　σ_1、σ_3 和 u——大主应力、小主应力和孔隙水压力；

$\Delta\sigma_1$、$\Delta\sigma_3$——大主应力增量和小主应力增量；

Δu_1、Δu_2——由 $\Delta\sigma_3$、q 产生的孔隙水压力，剪切过程中孔隙水压力 $u = \Delta u_1 + \Delta u_2$；

A、$\bar{A}$、B 和 $\bar{B}$——4 个孔隙压力系数。

三、固结不排水剪切试验（CU）

固结不排水剪切试验中，先给 4 个试样施加不同的围压 σ_3，让试样在 σ_3 作用下固结排水（该步骤为将施加初始固结应力 σ_0 和围压增量 $\Delta\sigma_3$ 两步合并固结），在 σ_3 作用下试样固结完成后，施加轴向偏应力 q。施加偏应力 q 的过程中不允许试样排水，即试样在剪切过程中测得的孔隙水压力 u 为 q 产生的孔隙水压力 Δu_2。试样在剪切过程中的应力状态为：

总应力：

$$\left.\begin{aligned} \sigma_1 &= \sigma_3 + q \\ \sigma_3 &= \sigma_3 \end{aligned}\right\} \tag{7-4}$$

有效应力：

$$\left.\begin{array}{l}\sigma_1'=\sigma_1-u\\\sigma_3'=\sigma_3-u\end{array}\right\} \tag{7-5}$$

式中各符号意义同前。

四、固结排水剪切试验（CD）

固结排水剪切试验中，先给 4 个试样施加不同的围压 σ_3，让试样在 σ_3 作用下固结排水，这一步与固结不排水剪相同。试样在 σ_3 作用下固结完成后，施加轴向偏应力 q，施加偏应力 q 的过程中始终保证试样充分排水，使试样不产生孔隙水压力。为此，要求应变控制式三轴仪施加偏应力 q 的速率与试样的渗透系数相适应，对于密实的黏土，施加偏应力 q 过程中的轴向变形速率要非常慢，以保证由 q 产生的孔隙水压力能及时消散。这样，CD 试验过程中总应力与 CU 试验的表达式完全相同，孔隙水压力为 0，有效应力等于总应力。

第三节　试　验　仪　器

一、三轴剪切仪

常用的三轴剪切仪一般分为应变控制式和应力控制式两种。另外还有应力路径三轴仪、K_0 固结三轴仪、真三轴仪、空心圆柱三轴仪等。本章介绍的是应变控制式三轴仪，其基本构成如图 7-4 所示。

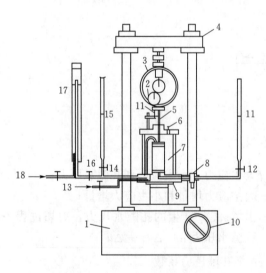

图 7-4　三轴仪示意图[1]

1—试验机；2—轴向位移计；3—轴向测力计；4—试验机横梁；5—活塞；6—排气孔；7—压力室；8—孔隙水压力传感器；9—升降台；10—手轮；11—排水管；12—排水管阀；13—周围压力；14—排水管阀；15—量水管；16—体变管阀；17—体变管；18—反压力

应变控制式三轴仪一般分以下几个部分：

（1）三轴压力室：压力室为三轴仪主体部分，一般由金属顶盖、底座以及透明的有机玻璃圆罩组成一密封容器。压力室底座上有三个孔，分别连通周围压力控制系统、反压力控制系统、体变管以及孔隙水压力量测系统。

（2）轴向加载系统：采用电动机带动多级变速齿轮箱，并通过传动系统实现压力室从下而上移动，进而使试样受到轴向压力，其轴向位移速率需根据土样性质和试验方法确定，具体参见后述试验步骤。

（3）周围压力控制系统：采用周围压力阀控制，通过周围压力阀设定固定压力后，试验过程中自动调节，以保持设定的压力。围压测量和控制精度应为全量程的 1%。

（4）轴向压力量测系统：在试样顶部安装量力环或力传感器等测力计进行量测，力环上百分表的变形读数乘以量力环的刚度系数，即为试样所受到的轴向应力。力传感器应保证测定最大轴向压力的准确度偏差不大于 1%。

(5) 轴向变形量测系统：轴向变形由百分表（0～30mm）或者位移传感器测得。

(6) 孔隙水压力量测系统：孔压由孔压表或孔隙水压力传感器测定。

(7) 反压力控制系统：由体变管和反压稳压系统组成，模拟土体的实际应力状态或者提高试样的饱和度以及量测试样的体积变化。

二、附属设备

制备三轴试样的主要附属设备如下：

(1) 重塑黏土试样制备设备：三瓣模、击实器（图7-5）、承膜筒（图7-6）。

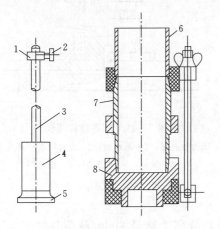 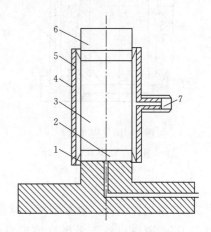

图 7-5 击实器构造[1]
　　　　1—套环；2—定位螺丝；3—导杆；4—击锤；
　　　　5—底板；6—套筒；7—饱和器；8—底板

图 7-6 承膜筒安装示意图[1]
　　　　1—压力室底座；2—透水板；3—试样；
　　　　4—承膜筒；5—橡皮膜；6—上帽；7—吸气孔

(2) 原状黏土试样制备设备：切土盘（图7-7）、切土器和切土架（图7-8）、原状土分样器（图7-9）等。

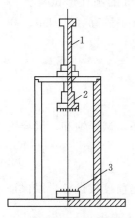 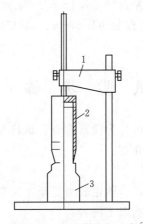 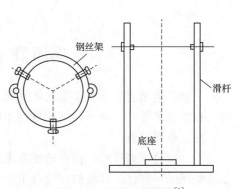

图 7-7 切土盘[1]　　　　图 7-8 切土器和切土架[1]　　　　图 7-9 原状土分样器[1]
1—轴；2—上盘；3—下盘　　　1—切土架；2—切土器；3—土样

（3）饱和黏土试样制备设备：饱和器（图 7 - 10）、真空饱和抽水缸。

（4）冲填土或砂性土制备设备：制备砂样圆模（图 7 - 11）。

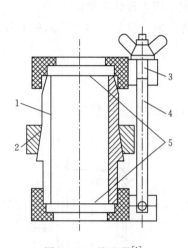

图 7 - 10　饱和器[1]

1—土样筒；2—紧箍；3—夹板；
4—拉杆；5—透水板

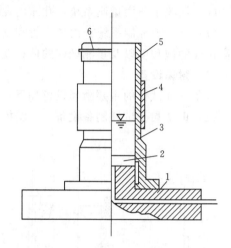

图 7 - 11　制备砂样圆模[1]

1—压力室底座；2—透水板；3—制样圆模（两片合成）；
4—紧箍；5—橡皮膜；6—橡皮圈

（5）装填试样设备：对开圆模、承膜筒等。

（6）其他附属设备：天平（要求有 3 个类型，分别为称量 200g/最小分度值 0.01g、称量 1000g/最小分度值 0.1g 以及称量 5000g/最小分度值 1g）、游标卡尺、橡皮膜、钢丝锯、透水板、吸水球等。

有关试样尺寸的补充说明：只有当试样尺寸远大于土粒大小时，才能将试样看作连续介质，比较真实地反映出土体整体的受力特性，为此要求颗粒粒径尺寸一般不能大于试样直径的 1/10（最大不能超过试样直径的 1/5）。因此室内试验针对粗砂以下粒组土体进行试验的常用三轴试验试样为直径 39.1mm、高 80mm 的圆柱形试样。另外，比较常见的三轴试验试样尺寸还有直径 61.8mm、高 150mm 和直径 101m、高 200mm 等。

第四节　试　验　步　骤

三轴压缩试验的试验步骤比较复杂，可分为仪器检查、试样制备、试样饱和、试样安装、试验加载等几大部分，下面分别予以介绍。

一、仪器检查

三轴试验周期较长，操作精度要求高，步骤也较为复杂，需要提前校核设备，以保证试验结果的可靠性。试验前的检查主要包括以下内容：

（1）检测围压、反压等控制系统工作是否正常，调压阀门灵敏度和稳定性是否正常。

（2）检测精密压力表的精度和误差。周围压力和反压力的测量精度应为全量程的

1%，根据试样的强度大小，选择不同量程的测力计，应使最大轴向压力的精度不低于 1%。

（3）检测围压管路密封性是否完好。

（4）确定各加压系统和排水管路的通畅性，不能漏水、漏气和堵塞孔道；检查透水石是否畅通，并浸水饱和。

（5）检测并排除孔压管路中的气泡，例如采用纯水冲出方法，使气泡从试样底座溢出。

（6）在装样前应对橡皮膜进行查漏。向膜内充气后，扎紧两端，放入水中，如无气泡溢出，方可使用。

二、试样制备

三轴试验试样高度 H 与直径 D 之比（H/D）一般应为 $2.0 \sim 2.5$，直径 D 分别为 39.1mm、61.8mm 及 101.0mm。对于有裂隙、软弱面或构造面的试样，直径 D 宜采用 101.0mm。具体分为原状土制样和重塑土制样。

1. 原状土制样

一般只能制备黏性土试样。

（1）对于较软的土样，先用钢丝锯或削土刀切取一稍大于规定尺寸的土柱，放在切土盘的上、下圆盘之间。再将钢丝锯或削土刀紧靠侧板，由上往下细心切削，边切削边转动圆盘，直至土样的直径被削成规定的直径为止。

（2）对于较硬的土样，先用钢丝锯或切土刀切取一稍大于规定尺寸的土柱，放在切土架上，用切土器切削土样，边切削边压切土器，直至切削到超出要求的试样高度约 2cm 为止。

（3）将土样取下，套入承膜筒中，用钢丝锯或刮刀将试样两端削平、称量，并取余土测定试样的含水率。

（4）如原始土样的直径大于 10cm，可用分样器切分成 3 个土柱，按上述方法切取直径为 39.1mm 的试样。

2. 重塑土制样

（1）黏土和粉土试样制备。由于黏土具有最优含水率特征，若直接配制成饱和黏土，在击实时反而不能击密，难以实现预定干密度。故应选取一定质量的代表性土样，经风干、碾碎、过筛，测出风干含水率，按要求含水率算出需要加水量，加水，拌匀后装入塑料袋，静止一天后，取出土料复测含水率，若实测含水率与要求值的差值在 1% 以内，则符合要求，否则重新配土。接着进行试样击实，使土样达到预定干密度。

击实时，根据试样体积，计算需放入击实筒中湿土的总质量，将土分多层装入击样筒进行击实，其中粉质土建议分 3~5 层，黏质土分 5~8 层，并在各层面上用切土刀刮毛，便于层间结合。击实完最后一层，将击样器内试样两端整平，取出试样称量。试样制备完成后，用游标卡尺测定试样直径和高度，其中直径按式（7-6）计算：

$$D_0 = \frac{D_1 + 2D_2 + D_3}{4} \tag{7-6}$$

式中　　　D_0——试样平均直径，cm；

　D_1、D_2、D_3——试样上部、中部、下部的直径，cm。

（2）砂土试样制备。其制样与黏性土不同，可直接在压力室底座上进行制备。具体分两种方法。

1）湿装法。按照体积和干密度换算得到所需干土质量，装入烧杯中，加水后，放置在酒精灯上煮沸，排气。待冷却后，在试样底座上依次放上透水石（若是不饱和试样，不排水试验可以放置不透水板）、滤纸，用承膜筒支撑橡皮膜，套入底座，用橡皮圈扎紧橡皮膜与底座，合上制备砂样圆模（图7-11）。往橡皮膜中注入1/3高度的纯水，将试验土样分成三等份，依次舀入膜内成形，并保证水面始终高于砂面，直至膜内填满为止。待砂样安装完成，整平砂面，依次放置滤纸和透水石。此法制备的试样已饱和，但只能制备的密实度不高的试样。

2）击实成型法。在试样底座上依次放上透水石、滤纸。用承膜筒支撑橡皮膜，套入底座，用橡皮圈扎紧橡皮膜与底座，合上对开圆模。将控制预定干密度的风干土样倒入对开模筒中，击实，再利用水头使土饱和（见本节第三部分试样饱和步骤），然后整平砂面，放上透水石或不透水板，盖上试样帽，扎紧橡皮膜。

砂土试样制备完成后，可施加5kPa的负压，或者将量水管降低50cm的水头，使试样挺立，拆除承膜筒。待排水量管水位稳定后，关闭排水阀，记录排水量管读数，用游标卡尺测定试样上部的、中部的、下部的3个直径。

制样对保证试样质量非常关键，对于同一干密度的各组试样，建议同批制备，尽量保证干密度、击实过程、饱和时间以及试样静置时间接近。一组试样间的干密度差值以及与要求干密度的差值均不得大于$0.02g/cm^3$。

三、试样饱和

1. 抽气饱和法

抽气饱和法适用于原状土和重塑黏土，属于压力室外饱和的类型。一般是将装有试样的饱和器置于无水的抽气缸内，进行抽气，当真空度接近当地1个大气压后，应继续抽气，继续抽气时间宜符合表7-1的规定。

表7-1　　　　　不同土性的抽气时间

土 类	真空度接近1个大气压后的抽气时间/h
粉土	＞0.5
黏土	＞1
密实的黏土	＞2

当抽气时间达到表7-1的规定后，徐徐注入清水，并保持真空度稳定。待饱和器完全被水淹没即停止抽气，并释放抽气缸的真空。试样在水下静置时间应大于10h，然后取出试样并称其质量。

2. 水头饱和法

水头饱和法适用于粉土、砂土，为压力室内饱和法。一般是在试样装入压力室，完成安装后，施加20kPa的周围压力，并同时提高试样底部量管的水面和降低连接试样顶部固结排水管的水面，使两管水面差在50cm以上。打开量管阀、孔隙压力阀和排水阀，让水自下而上通过试样，直至同一时间间隔内量管流出的水量与固结排水管内流入的水量相等为止。当需要提高试样的饱和度时，宜在水头饱和前，从底部将二氧化碳气体通入试样，置换孔隙中的空气。二氧化碳的压力宜为 $5\sim10kPa$。

3. 反压饱和法

反压饱和法的原理是利用高水压使土体中的气泡变小或者溶解，进而实现饱和。该方法能使试样在抽气饱和或水头饱和的基础上进一步提高饱和度，适用于各种土质，但针对黏土的饱和时间较长，反压力较大，亦属于压力室内饱和法。该法是用双层体变管代替排水量管，在试样安装完成后，调节孔隙水压力，使之等于大气压力，并关闭孔压阀、反压阀、体变阀。在不排水条件下，先对试样施加 20kPa 的围压，开孔隙水压力阀，待孔压传感器读数稳定时，记录读数，关闭孔压阀。从试样顶部连通管路施加水压力（反压），同步增加围压。注意，施加过程需分级施加，以减少对试样的扰动。始终保持周围压力比反压力大 20kPa，反压力和周围压力的每级增量对于软黏土取 30kPa；对于坚实的土或初始饱和度较低的土，取 $50\sim70kPa$。操作时，先调周围压力至 50kPa，并将反压力调至 30kPa，同时打开周围压力阀和反压力阀，再缓缓打开孔隙压力阀，待孔隙水压力稳定后，测记孔隙压力计和体变管读数，然后施加下一级的周围压力和反压力；当孔隙水压力增量与周围压力增量之比大于 0.98 时，认为试样饱和，否则，需进一步同步增加围压和反压，直至试样饱和为止。

四、试样安装

（1）安装试样。此步主要针对黏性土，无黏性土在制样过程中实际已经完成。在压力室底座上，依次安放透水石、滤纸和饱和后的原状或重塑黏土试样，并在试样周身贴浸水滤纸条 $7\sim9$ 条（如进行不固结不排水试验或针对砂土试样，则不用贴），如不测定孔压，对于不固结不排水试验也可安放有机玻璃片替代透水石。将橡皮膜套入承膜筒中，翻起橡皮膜上下边沿，用橡皮吸球吸气，使橡皮膜紧贴承膜筒；再将承膜筒套在试样外面，翻下橡皮膜下部边沿，使之紧贴底座；用橡皮圈将橡皮膜下部与底座扎紧，而在试样顶部放入滤纸和透水石，移除承膜筒，更换为对开圆模。打开排水阀，使放置在试样顶部的试样帽排气出水，上翻橡皮膜的顶部边沿，使之与试样帽帽盖贴紧，并用橡皮圈扎紧，从而使试样与压力室中水隔离。在扎紧橡皮膜前，如发现橡皮膜和试样之间存在气泡，则可用手指轻推方法将气泡赶出。

（2）安放压力室罩，使试样帽与罩中活塞对准。均匀地将底座连接螺母锁紧，向压力室内注水，待水从顶部密封口溢出后，将密封口螺钉旋紧，并将活塞与测力计和试样顶部垂直对齐。

（3）将加载离合器的挡位设置在手动和粗调位，转动手轮，当试样帽与活塞以及测力计接近时，改调速位到手动和细调位，继续转动手轮，使得试样帽与活塞恰好接触，测力计量力环的百分表刚有读数为止，调整测力计和变形百分表读数到零位。

五、试验加载

1. 不固结不排水剪切试验（UU）

（1）关闭排水阀。

（2）根据饱和过程中的方法，施加一定围压，在不排水条件下测定试样的孔隙水压力，验证试样饱和度，如试样不饱和，则先要根据饱和过程中的相关反压饱和方法饱和试样。

（3）试样完成饱和后，关闭排水阀门，对 4 个试样施加相等的初始围压，打开排水阀，使试样在初始围压作用下完成固结。

（4）在初始围压作用下固结完成后，关闭排水阀，对各个试样施加不同围压增量，围压增量一般为 100kPa、200kPa、300kPa、400kPa 四级，或者根据实际工程需要施加。

（5）围压施加后，虽然是不排水条件，但是传力杆会在水压作用下向上顶升，与试样帽脱离。因此在进行不排水剪切前须转动基座上升转轮，重新调整位置，使得试样帽与传力杆重新接触，并调节位移百分表使读数归零，方可进行下一步剪切试验。

（6）将加载离合器的挡位设置由手动改为自动，设定变速箱中位移加载离合器的挡位，调节底座抬升的速率，进而控制剪切应变的速率。对于不固结不排水剪切试验，轴向应变增加的速率应控制在 0.5％/min～1％/min。开启电动机，试样每产生 0.3％～0.4％的轴向应变（或 0.2～0.3mm 的位移值），测记一次位移百分表、量力环百分表和孔隙水压力的读数。当轴向应变大于 3％时，每产生 0.7％～0.8％的轴向应变（或 0.5mm 的位移值），测记一次读数。在加载过程中，量力环百分表读数出现峰值后，再继续剪切至轴向应变达到 20％时停止试验。

（7）试验结束后，关闭电动机，卸除围压，用吸管排出压力室内的水，将基座上升调节旋钮调至粗调位，转动手轮，降低试样底座，移除压力室，拆除试样，记录试样破坏时的形状，称量试样质量，测定含水率。

如前所述，本节中不固结不排水剪切试验与《土工试验方法标准》（GB/T 50123—2019）三轴压缩试验部分所规定的操作步骤不同。这是因为要准确模拟现场土的初始固结应力水平，应在不同围压施加以前，先进行一个等压固结过程。

2. 固结不排水剪切试验（CU）

（1）固结不排水剪切试验的第一步要进行固结。因此在试样安装以后，将排水管中的气体排出，放水使排水管中的水头与试样中部齐高，再将此时孔压读数调整为 0，或者记录此时的水头读数，作为孔压基准值。

（2）检测试样是否饱和，步骤同不固结不排水剪切试验第（2）步。

（3）在已施加反压的基准上，再对试样逐级施加各向相等的围压，一般净增围压为 100kPa、200kPa、300kPa、400kPa 四级，或根据实际需要实施。

（4）打开排水阀，进行排水，直至超静孔隙水压力消散 95％以上，记录固结完成后排水管读数，其与固结前排水管读数的差值即为固结排水量（对于饱和土，也等于试样体变）。固结完成后，关闭排水阀，测记当前孔隙压力计和排水管水头读数。

固结后，如前所述，围压增加以后，活塞传力杆可能与试样顶盖脱离。对于固结不排水或固结排水剪切试验，不仅要在固结前抬升试样一次，固结结束以后，由于试样发生体变，轴向也会产生变形，还需进一步抬升基座，使试样帽与传力杆再次接触，测记固结结束后从抬升试样到与传力杆接触过程中位移百分表的读数变化量，以此作为试样在固结过程中的轴向变形。

（5）测记完成后，开动电动机，接通离合器，对试样进行轴向加压。对于轴向应变的增加速率，黏土一般为 0.05％/min～0.1％/min，粉土一般为 0.1％/min～0.5％/min。试样每产生 0.3％～0.4％的轴向应变（或 0.2～0.3mm 的位移值），测记一次位移百分表、量力环百分表和孔隙压力计的读数；当轴向应变大于 3％时，每产生 0.7％～0.8％的轴向应变（或 0.5mm 的位移值），测记一次读数；若加载过程中，量力环百分表读数出现峰值，则轴向应变增加到 15％时停止试验，否则轴向应变需增加到 20％方能停止试验。

（6）完成剪切后，按照不固结不排水剪切试验的第（7）步卸除试样，进行数据分析。

3. 固结排水剪切试验（CD）

（1）围压施加过程与固结不排水剪切试验相同，参见固结不排水剪切试验的步骤（1）～（4）。

（2）剪切过程中，由于是排水，因此在剪切前，保持排水阀门为打开状态，同时要改变剪切的速率，控制轴向应变增加的速率为 0.003％/min～0.012％/min；另外，必须控制单位时间内超静孔隙水压力的增量，以保证剪切过程为排水，要求即时的孔压增量不超过 0.05 倍的初始围压。试样每产生 0.3％～0.4％的轴向应变（或 0.2～0.3mm 的位移值），测记一次位移百分表、量力环百分表和孔隙压力计的读数。当轴向应变大于 3％时，每产生 0.7％～0.8％的轴向应变（或 0.5mm 的位移值），测记一次读数。若加载过程中，量力环百分表读数出现峰值，则轴向应变增加到 15％时停止试验；若试验过程中轴力不出现峰值，轴向应变需增加到 20％方能停止试验。

第五节　数　据　处　理

一、不固结不排水剪切试验

设安装试样时试样高度为 h_0，直径为 d_0。在初始固结应力 σ_0 作用下，固结完成后试样的高度为 h_{01}，直径为 d_{01}（h_{01}、d_{01} 的计算可参见固结不排水剪切试验的试样在 σ_3 作用下固结后相应参数的计算）。在施加轴向偏应力过程中，设在任一时刻 t_i（自开始加偏应力的时刻开始计时），轴向力量测钢环的百分表读数为 R_{1i}，轴向变形量测百分表读数为 R_{2i}（钢环系数为 C，轴向变形百分表起始读数为 0），有如下计算公式：

（1）任一时刻 t_i，试样面积

$$S_i = \frac{V_{01}}{h_{01} - R_{2i}} = \frac{\frac{1}{4}\pi d_{01}^2 h_{01}}{h_{01} - R_{2i}} \tag{7-7}$$

式中　V_{01}——剪切前试样体积。

（2）任一时刻 t_i，试样竖向偏应力：

$$q_i = \frac{CR_{1i}}{S_i} \tag{7-8}$$

二、固结不排水剪切试验

设试样初始高度为 h_0，直径为 d_0。在围压 σ_{3i}（一般 $i=1\sim4$）作用下，固结完成后试样竖向固结沉降量为 Δh_{ci}，固结排水量为 ΔV_{ci}，试样高度和直径分别为

$$
\left.
\begin{aligned}
h_{ci} &= h_0 - \Delta h_{ci} \\
d_{ci} &= \sqrt{\frac{4(V_0 - \Delta V_{ci})}{\pi h_{ci}}}
\end{aligned}
\right\}
\tag{7-9}
$$

式中　V_0——安装试样时试样的体积。

在剪切过程中，设 t_j 时刻围压为 σ_{3i} 的试样轴向力量测钢环读数为 R_{1ij}，轴向变形量测百分表读数为 R_{2ij}，孔隙水压力为 u_{ij}。则 t_j 时刻围压为 σ_{3i} 的试样高度和面积为

$$
\left.
\begin{aligned}
h_{ij} &= h_{ci} - R_{2ij} \\
S_{ij} &= \frac{V_0 - \Delta V_{ci}}{h_{ci} - R_{2ij}} = \frac{V_{ci}}{h_{ij}}
\end{aligned}
\right\}
\tag{7-10}
$$

试样 i 在剪切时任一时刻 t_j 的轴向偏应力和轴向应变为

$$
\left.
\begin{aligned}
q_{ij} &= C\frac{R_{1ij}}{S_{ij}} \\
\varepsilon_{ij} &= \frac{R_{2ij}}{h_{ci}}
\end{aligned}
\right\}
\tag{7-11}
$$

试样 i 在剪切时任一时刻 t_j 的小、大主应力为

$$
\left.
\begin{aligned}
\sigma_{3ij} &= \sigma_{3i} \\
\sigma_{1ij} &= \sigma_{3i} + q_{ij}
\end{aligned}
\right\}
\tag{7-12}
$$

试样 i 在剪切时任一时刻 t_j 的小、大有效主应力为

$$
\left.
\begin{aligned}
\sigma'_{3ij} &= \sigma_{3i} - u_{ij} \\
\sigma'_{1ij} &= \sigma_{1ij} - u_{ij}
\end{aligned}
\right\}
\tag{7-13}
$$

三、固结排水剪切试验

固结排水剪因在剪切过程中不产生孔隙水压力，所以计算公式与式（7-9）～式（7-13）相同，只是 $u_{ij}=0$，总应力与有效应力相等。

四、试验记录和试验成果

（1）不固结不排水剪切试验结果见表 7-2 和图 7-12（a）。若加初始固结应力，增加表 7-3。

（2）固结不排水剪切试验结果见表 7-2、表 7-3 和图 7-12（b）。

（3）固结排水剪切试验结果见表 7-3、表 7-4 和图 7-12（c）。

（4）绘制 3 种试验方式剪切过程中的应力-应变关系图，如图 7-13 所示。

表 7 - 2   三 轴 压 缩 试 验 (一)

工程名称		试验者	
送检单位		计算者	
土样编号		校核者	
试验日期		试验说明	

周围应力 σ_3 /kPa	
初始固结应力 σ_0 /kPa	
围压增量 $\Delta\sigma_3$ /kPa	
$\Delta\sigma_3$ 产生的孔隙水压力 Δu_1 /kPa	
孔隙应力系数 B	

轴向变形 R_{2i} /mm	轴向应变 ε_1 /%	钢环读数 /0.01mm	横截面积 S_{ij} /cm²	轴压增量 /kPa	孔压 /kPa	钢环读数 /0.01mm	横截面积 S_{ij} /cm²	轴压增量 /kPa	孔压 /kPa
钢环系数 C/(kN/0.01mm)									
破坏时轴压增量/kPa									
破坏时孔隙水压力/kPa									

表 7-3 　　　　　　　　　　三 轴 压 缩 试 验 (二)

工程名称		试验者	
送检单位		计算者	
土样编号		校核者	
试验日期		试验说明	

试 样 状 态				
参　数	起始的	固结后	剪切后	
直径 D/mm				固结应力:
高度 H/mm				固结沉降量:
面积 S/cm^2				固结排水量:
体积 V/cm^3				
含水率/%				

表 7-4 　　　　　　　　　　三 轴 压 缩 试 验 (三)

工程名称		试验者	
送检单位		计算者	
土样编号		校核者	
试验日期		试验说明	

周围应力 σ_3/kPa	
固结排水量/cm^3	
固结沉降量/mm	
固结后高度/mm	
固结后面积/cm^2	

轴向变形/mm	轴向应变/%	钢环读数/0.01mm	横截面积/cm^2	轴压增量/kPa	排水管读数/cm^3	排水量/cm^3	钢环读数/0.01mm	横截面积/cm^2	轴压增量/kPa	排水管读数/cm^3	排水量/cm^3
钢环系数/(kN/0.01mm)											
破坏时轴压增量/kPa											
破坏时大主应力/kPa											

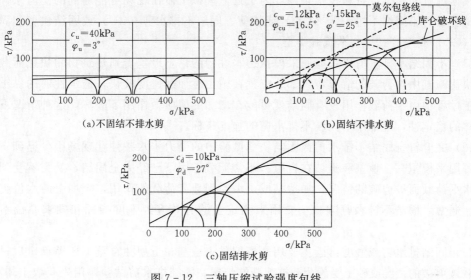

(a)不固结不排水剪　　　　　(b)固结不排水剪

(c)固结排水剪

图 7-12　三轴压缩试验强度包线

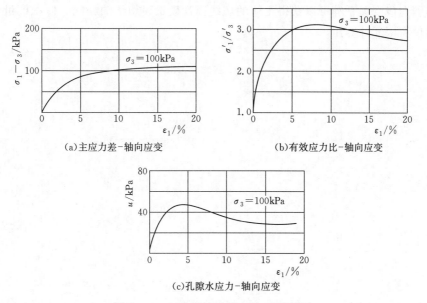

(a)主应力差-轴向应变　　　　　(b)有效应力比-轴向应变

(c)孔隙水应力-轴向应变

图 7-13　三轴压缩试验应力-应变关系

第六节　成　果　应　用

目前，要准确测定土的强度指标是有困难的，这是因为它们不仅取决于土的种类，在更大程度上取决于土的密度、含水率、初始应力状态、应力历史、试验中的固结程度和排水条件等因素。为了求得可供建筑物地基设计或土坡稳定分析所用土的强度指标，室内试验中除试样必须具有代表性和高质量外，它的受力和排水条件也应尽可能与实际情况相一致。根据现有的测试设备和技术条件，为了近似模拟土体在现场可能遇到的受剪条件，将剪切试验分为不固结不排水剪（UU）或快剪、固结不排水剪（CU）或固结快剪和固结排水剪（CD）或慢剪三种基本试验类型。

（1）不固结不排水剪或快剪用来模拟透水性弱的黏土地基受到建筑物的快速荷载或土坝在快速施工中被剪破的情况，大部分工程在施工时加载速度较快，透水性弱的黏土地基在施工过程中由于荷载作用没有固结就可能在增加的剪应力作用下破坏，这种情况下要校核土体的稳定性，应采用不固结不排水剪的强度指标。

（2）完全符合固结不排水剪或固结快剪试验中的受力排水条件在现场很少遇到。这种试验可用来模拟黏土地基和土坡在自重和正常荷载作用下已经完全固结，又突然受到快速施加水平荷载而被剪破的情况，如地基或土坡受到地震荷载的作用，土坝上游水位突然降落等。通常，固结不排水剪试验主要用来测定土的有效应力强度指标和推求原位不排水强度。

（3）固结排水剪或慢剪试验主要用来模拟黏土地基和土坝在自重下压缩稳定后，受缓慢荷载被剪破的情况或砂土受静荷载被剪破的情况。固结排水剪试验还用来获取土体邓肯-张 $E-v$ 和 $E-B$ 模型的有限元计算参数，通过三轴排水剪试验整理的应力应变关系、轴向应变和侧向应变关系等可以获得土体的切线弹性模量、切线泊松比、体积模量和回弹模量等参数供有限元计算用。

第八章 真三轴试验

第一节 概 述

在岩土工程领域，土体的稳定和变形是最重要的工程问题之一。由于实际工程问题中土的应力状态和应力路径多种多样，土的变形和强度特性与应力往往密切相关，学者们提出了一种研究土在三维应力状态下性状的试验方式，即真三轴试验。近年来，真三轴试验已经被用于研究土的初始各向异性及应力状态诱导各向异性性质，建立了能反映粗粒土的本构模型。由于真三轴仪较难进行原状土的试验以及实际工程问题的复杂性，真三轴试验尚未在工程实践中得到直接的实际应用。

第二节 试 验 原 理

真三轴试验可模拟土受到三向不等压时的应力状态。试验时，试样互相垂直面上作用3个不同的主应力，分别称为大主应力 σ_1、中主应力 σ_2 和小主应力 σ_3。利用真三轴仪的三向独立加载系统，分别施加力于试样，使之达到破坏，并测定试样在3个方向的变形、试样的体积变化、孔隙水压力等参数。

在土力学中，常用主应力 σ_1、σ_2 和 σ_3 或它们的3个应力不变量来描述一点的应力状态，常用的3个应力不变量分别为八面体法向应力 σ_{oct}、八面体剪应力 τ_{oct} 和应力洛德角 θ。其定义为

$$\sigma_{oct} = \frac{\sigma_1 + \sigma_2 + \sigma_3}{3} \tag{8-1}$$

$$\tau_{oct} = \frac{1}{3}\sqrt{(\sigma_1 - \sigma_2)^2 + (\sigma_2 - \sigma_3)^2 + (\sigma_3 - \sigma_1)^2} \tag{8-2}$$

$$\theta = \arctan\frac{2\sigma_2 - \sigma_1 - \sigma_3}{\sqrt{3}(\sigma_1 - \sigma_3)} \tag{8-3}$$

在应力空间内，代表应力状态的点移动的轨迹称为应力路径，它表示应力变化的过程，或加荷的方式。

假设土体中一点的初始应力状态如图 8-1 中应力空间内 A 点所示，受力后变化到 B 点。从 A 到 B，可以有多种方式，如 σ_1、σ_2 和 σ_3 按比例增加，或初期 σ_3 增加得多，σ_1 和 σ_2 增加得少，而后期相反，或其他某种加荷方式。加荷过程中，不同的加荷方式可以用不同的应力路径来

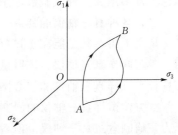

图 8-1 应力路径

表示。与应力路径相应，也有应变路径。

真三轴试验过程中，对于某一特殊应力路径，首先是向密封的压力室内注入气压，使试样在各向受到周围压力 σ_3 而固结，待试样固结稳定后，通过竖向刚性板对土样施加竖向压力 σ_1。与此同时，按一定的比例（中主应力系数 $b=\dfrac{\sigma_2-\sigma_3}{\sigma_1-\sigma_3}$）相应地对试样施加中主应力 σ_2。对于大多数真三轴试验，试样的中主应力系数 b 和小主应力 σ_3 在整个试验过程中是维持不变的，大主应力 σ_1 和中主应力 σ_2 逐渐增大时，试样最终会因受剪切作用而破坏。用同一种土做一组试样，按以上方法分别进行试验，每一个试样在不同的中主应力系数 b 或不同的周围压力 σ_3 条件下进行，这样就可得出土样在不同情况下剪切破坏时的三个主应力、孔隙水压力以及三个主应变与三个主应力的组合，就能得出三维应力状态下的三向应力-应变关系。

真三轴试验常被用以研究中主应力对土强度或变形的影响，在此基础上对莫尔-库仑强度理论进行检验或修正。通过真三轴试验建立和验证土的三维本构关系模型来研究应力路径对土的应力-应变关系的影响。较为普遍的试验方式是 σ_3 为常数或八面体法向应力 σ_{oct} 为常数、在 π 平面上的径向加载试验（θ 为常数），在 π 平面上应力路径转折的试验，平面应变试验（b 为常数），在 π 平面上应力路径为圆周的试验等。

第三节　试　验　仪　器

一、真三轴仪的发展

土体强度和变形试验常用仪器为直剪仪、单向压缩仪和常规三轴仪，直剪仪试验时，试样的应力状态不明确，单向压缩仪试样则仅受一个独立应力变量 σ_1 作用。在常规三轴仪的压缩试验中，三个主应力中有两个总是相等的，即只有两个独立的应力变量 σ_1 与 σ_3。

由于实际工程中土体内的应力状态和应力路径多种多样，为了模拟土在三维应力状态下的性状，早在 1936 年，克捷曼（Kjellman）就设计出一种真三轴仪：用六块刚性板独立施加三个主应力，并量测相应的应变。但由于仪器构造复杂和刚性板间的相互干扰，它并未得到广泛的应用。1960 年以来，由于计算机技术的发展和普及，土的本构关系数学模型研究蓬勃兴起。土的本构模型研究要求土工试验仪器能产生和量测更复杂的应力状态和应力路径。因此，各种真三轴仪在 20 世纪 70 年代被广泛地研制和改进，取得了很多试验成果，加深了对土的力学性质的认识，进一步推动了土的本构理论的发展，不少国际学术论文都采用真三轴试验数据来验证各种土的本构模型。

二、各种真三轴仪的特点

广义上讲，凡是能在土试样上独立施加三个不同主应力并能量测其相应的应变的仪器，都可叫作真三轴仪。按照试样形状和加载方式，真三轴仪实际上包括了立方体（或直棱柱体）试样真三轴仪和空心圆柱扭剪仪。本章仅介绍立方体试样真三轴仪。

立方体试样真三轴仪的研制有两种思路：在常规三轴压缩仪的基础上改制与脱离三轴压力室研制盒式真三轴仪。前者是在三轴压力室中增设一对侧向加压板，用来施加中主应力。这种仪器有其不足之处，即难于实现大、中、小主应力轴的转换。若用 z 代表竖向，

用 x 和 y 分别代表两个水平方向，其中 x 为侧向加压板的加载方向，三个方向的主应力的相对大小可以引入一个参数 θ' 表示：

$$\theta' = \arctan \frac{\sqrt{3}\,(\sigma_x - \sigma_y)}{2\sigma_z - \sigma_x - \sigma_y} \tag{8-4}$$

式（8-3）的 θ 与式（8-4）的 θ' 所代表的几何意义如图 8-2 所示。对于以 z 为轴向的常规三轴压缩试验，$\theta' = 0°$、$\theta = -30°$。而对于上述改制的真三轴仪，θ' 只能在 $0° \sim 60°$ 范围内变化，若在轴向增加张拉设备，则 σ_z 可以为大、中、小主应力中的任意一个，但一般 σ_x 不小于 σ_y，所以 θ 的范围只能为 $0° \sim 180°$。由于有这

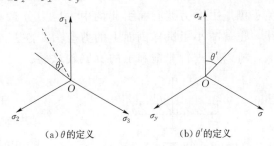

(a) θ 的定义　　(b) θ' 的定义

图 8-2　θ 与 θ' 的定义

种限制，在研究一些各向异性问题或要求主应力任意转换的问题时，这种仪器就不适用了。

按照中主应力的施加方式，一对侧向加载板可分为刚性加载板、柔性囊加载板和复合加载板。刚性加载板一般由金属或其他刚性材料制成；柔性囊加载板由固定在板上的橡皮囊构成；复合加载板一般用刚性与柔性材料组合而成。

盒式真三轴仪可以完全独立地施加三个主应力，每个方向上的主应力可在大、中、小主应力间自由转换。按边界上应力的施加方式，它们又有刚性边界和柔性边界两大类。

三、压力室型真三轴仪

压力室型真三轴仪基于常规三轴仪的压力室形状，但试样为方形，达到能施加侧向和竖向力的目的，如图 8-3 所示。这种仪器有限制任意转换主应力的缺点，但由于它只需两对加压板而非三对，所以相互干扰问题较易于解决。由于试样的另一对面在压力室中是自由和裸露的，就不会影响试样剪切带的形成和发展，且可通过压力室直接观察这些现象。根据一对侧向加载板的不同，改制的真三轴仪可分为刚性、柔性和复合加载板真三轴仪。

1. 刚性加载板真三轴仪

由于简单和易于操作，这类仪器目前使用较为广泛。英国帝国学院的格林（Green）发展了这种形式的真三轴仪，清华大学也研制和使用了类似的仪器。

图 8-3 为清华大学研制的真三轴仪简图。试样尺寸为 $89\text{mm} \times 89\text{mm} \times 36\text{mm}$。仪器主要由压力室、轴向加压系统和侧向加压系统三部分组成。在轴

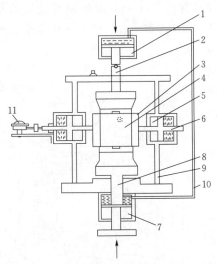

图 8-3　清华大学研制的真三轴仪简图[11]

1—上活塞室；2—上活塞杆；3—侧向加载板；4—试样；5—侧活塞室；6—侧活塞杆；7—下活塞室；8—下活塞杆；9—有机玻璃筒；10—导管；11—变形量表

向与一个侧向均用与活塞相连的刚性加载板施加压力。小主应力由压力室施加压力。轴向的上下加压板在 σ_2 方向比试样尺寸略小，以备侧向板前移。侧向板为抛光的不锈钢板，与试样接触面之间衬以聚四氟乙烯薄膜并涂硅脂以减少摩擦力。由于上、下活塞同步施加轴向应力，位移基本相同，保证了试样侧面上受压中心点位置不变，避免了侧压力合力偏心而引起的中主应力分布不均。由于减小了侧板与试样间的相对位移，也就减小了试样侧面上的剪应力。在三个方向都可以通过位移表直接量测试样变形，所以可进行非饱和土的真三轴试验。

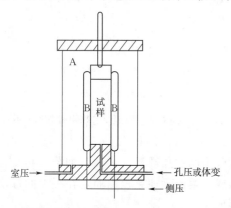

图 8-4　京都大学真三轴仪示意图[11]

2. 柔性加载板真三轴仪

日本京都大学的柴田和轻部在 1965 年设计的真三轴仪就属于这一类，见图 8-4。试样尺寸为 $60\text{mm} \times 35\text{mm} \times 20\text{mm}$，仪器主要由三轴压力室 A、中主应力加压囊 B 及其轴向加压系统组成。其中充有压力水的加压囊安装在一对铝板上，并被悬挂在滑轮上。这样，试样受压时，加压囊与试样一起变形，减小了试样边界上的摩擦力。加压囊与试样表面间有橡皮膜并涂硅脂以减小摩擦力。

沙舍兰特（Suther Land）和米斯特雷（Mes-Dary）也研制了类似的仪器，试样尺寸为 $100\text{mm} \times 100\text{mm} \times 100\text{mm}$。增大加压囊的面积使其大于试样侧面积，以解决边缘的接触问题，并在加压囊的边缘用细铜丝布加固以防鼓出。

3. 复合加载板真三轴仪

为了解决相邻边界间的干扰，力图克服上述两种加压板的缺点而又能保存其优点，人们设计了复合加载板真三轴仪。莱特（Lade）和邓肯（Duncan）所研制和使用的是比较成功的一种，见图 8-5。试样的尺寸为 $76\text{mm} \times 76\text{mm} \times 76\text{mm}$。它的一对水平力承压板由不锈钢片和软木垫层互层组成。软木的模量很低，泊松比接近于 0，所以这种板在垂直方向是可压缩的。这对承压板通过滚轮安放在刚性框架上。刚性框架分两部分：上半部分固定在轴向加载杆上，下半部分与试样底座固定在一起。这样，当轴向加载使试样压缩时，轴向加载杆通过上部刚性框架压缩水平加压板，使它与试样同步压缩。在整个试验过程中，承载板的上、下端与试样顶帽和底座间始终保持 1mm 的间隙。这样就尽可能地解决了边界间的干扰问题，也减小了水平加压板和试样侧表面间的摩擦力。但这个仪器的不足之处在于：试样在一对承压板板上、下端留有间隙，且承压板不锈钢片和软木垫层互层组成，由它传递给试样的侧压力分布不均匀，因而一般

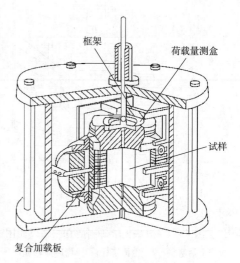

图 8-5　莱特（Lade）和邓肯（Duncan）的真三轴仪简图[11]

只能以轴向为大主应力方向，而水平方向不能为大主应方向。

另一种复合加载板由香港理工大学殷建华教授等人设计，见图 8-6。试样尺寸为 70mm×70mm×140mm 的长方体。由一个相同形状和大小的橡胶膜密封，橡胶膜前后分别设有 2 个直径为 4mm 的孔，用特别的连接元件将小孔和塑料管密封，以实现在真三轴试验中对试样进行排气，反压饱和以及监测土样在固结/压缩过程中的水体积变化。这个排水设计的优点是不会在试样表面产生摩擦力。加载装置中有 4 个自由滑动的不锈钢加载板，分别布置在土样的

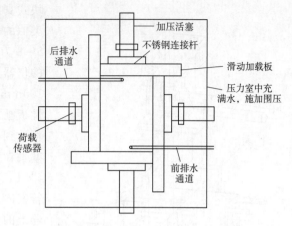

图 8-6 殷建华等人设计的复合加载板[23]

上、下、左、右表面。竖向和水平向加载板可自由滑动，并在试验过程中始终保持 90°。加载装置中设有 4 个加压活塞。加载板和加压活塞之间设有不锈钢连接杆。在压力室内，3 个荷载传感器分别连接在上、左和右边的连接杆上，用来测量试样的大主应力和中主应力。在荷载作用下，加载板在连接杆推动下朝试样中心方向自由滑动，在滑动加载板与橡胶膜表面之间使用润滑油以减小摩擦。

四、盒式真三轴仪

这类仪器是在一立方体试样上的三个方向上有三个独立施加主应力的系统，从而形成一个六面体的盒。其边界又可分为刚性边界和柔性边界两种。也有混合边界，但其性能一般不佳。

1. 刚性边界式

早在 1936 年，克捷曼就研制了刚性边界式真三轴仪。1960 年代，亨勃雷（Hambly）开发，皮阿斯（Pearce）发展、设计和逐步完善了著名的英国剑桥大学真三轴仪，其工作原理见图 8-7。试样初始尺寸 100mm×100mm×100mm，它被夹在六块刚性板之间。试样的每个面完全被刚性板盖住。加压板被三对互相垂直的加压杆驱动，可以是应变控制，也可以是应力控制。它允许试样每边在 60～130mm 间变化。

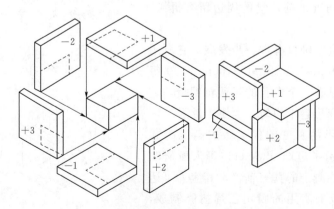

图 8-7 剑桥大学真三轴仪刚性板的布置[11]

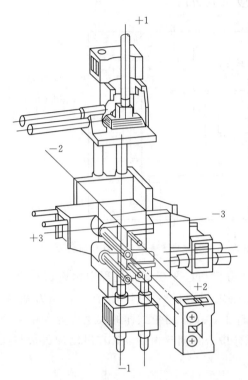

图 8-8　卡尔斯普厄大学所使用的
真三轴仪的加载和导向系统图[11]

一般认为，由于边界上的摩擦力，这种滑块式真三轴仪只能用于软黏土试样。近年来用类似的仪器对砂土试样进行了一些试验。图8-8为德国卡尔斯普厄（Karlsruhe）大学所用的仪器加载和导向系统示意图。试样尺寸为100mm×100mm×100mm，三对两两相对的刚性板被三对互相垂直的活塞所驱动，最大位移可达到40mm。运动由导向系统控制，三个活塞轴在空间的交点是固定的。活塞运动速度在$4×10^{-4}～4×10^{-1}$mm/min 范围内变化。在进行密砂试样的真三轴试验时，量测作用于导向器上的力矩、活塞上的压力偏心和剪切力。结果表明试样上的剪应力合力仅为正应力合力的2%，最大正应力合力的偏心为6mm，这表明润滑的质量是好的。试验结果中对偏心的影响可进行校正。

这类仪器的优点是很突出的：可达到30%以上的较为均匀的应变；三个方向独立施加正应力；与计算机系统配合，量测和控制都很方便。

2. 柔性边界式

这种真三轴仪是在试样的三个方向、六个面上全用柔性囊通过液压施加荷载。有代表性的是美国科罗拉多（Colorado）大学的真三轴仪和日本东京大学的真三轴仪，如图8-9和图8-10所示。科罗拉多大学的真三轴仪所用试样尺寸为89mm×89mm×89mm。试样被放置在一个铝制框架中，框架的六个面分别安装了前面蒙有胶膜的盖板。通过盖板上的管道向胶膜所围成的囊中输入压力流体，向试样施加荷载。为了加强膜的强度和硬度，在膜上贴有一层尼龙布，边角处加筋，囊的周边留有折皱，以适应试样变形。

东京大学的真三轴仪有进一步发展。它所用的试样尺寸为 100mm×100mm×100mm。在每个胶囊的内表面贴有一个带孔的可调黄铜板，它可使试样外表面变形趋于均匀，也便于量测。

这种柔性边界的真三轴仪可做成高压力式的。图8-11表示了迈耶（Meier）等人所研制的可用于岩石和混凝土的真三轴仪，其应力可达到138MPa。盖板上所用的膜用乙烯树脂制成，用皮革做垫层，并涂以润滑剂。

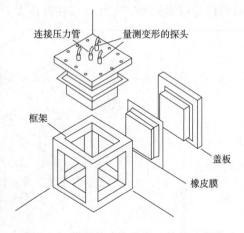

图 8-9　科罗拉多大学真三轴仪示意图

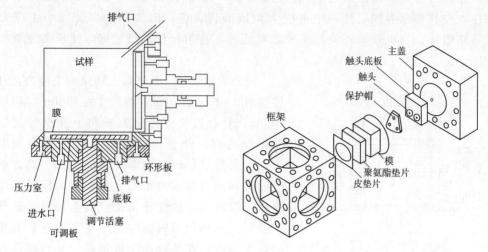

图 8-10　东京大学真三轴仪剖面图　　　图 8-11　高压柔性边界真三轴仪构造图

五、河海大学 ZSY-1 型真三轴仪

河海大学 ZSY-1 型复合型真三轴仪由河海大学与南京电力自动化研究所共同设计，该仪器主要由压力室、加荷系统、控制和量测系统、输出系统四部分组成。

1. 压力室

压力室见图 8-12，由有机玻璃外筒与底板组成。有机玻璃外筒的盖板、底板是铝合

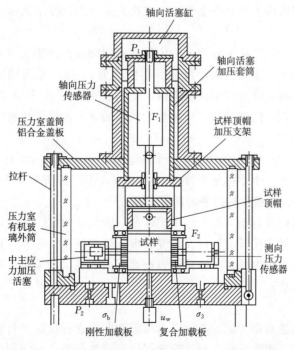

图 8-12　河海大学 ZSY-1 型真三轴仪压力室示意图

金板，盖板内含施加轴向应力 σ_1 的液压活塞、加压杆和压力传感器，底板主要由试样底座，位移传感器固定杆，中主应力加压装置，进、出试样的水管和小主应力 σ_3 进气管路组成。有机玻璃外筒与底板之间通过不锈钢拉杆螺丝紧固，使压力室处于密封状态。

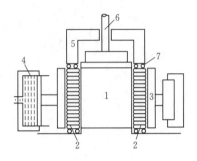

图 8-13　河海大学 ZSY-1 型真三轴仪
主应力加压装置

1—试样；2—复合加载板；3—应力传感器；
4—中主应力液压活塞；5—轴向加压支架；
6—轴向传压杆；7—钢珠

河海大学 ZSY-1 型真三轴仪中主应力加压装置如图 8-13 所示。试样的尺寸为 70mm×35mm×70mm。复合加压板由薄铝板和小橡皮管逐层相间叠合而成，竖直向刚度较小而水平向刚度较大，与雷德（Lade）和邓肯（Duncan）设计的真三轴仪侧压力板较为相似。水平力加压板的刚性铝板可以传力，橡皮管又在竖向上可以随试样同步变形。试样顶部的轴向加压支架通过带有轴承的四个脚放置在复合加压板顶端，复合加压板的底板托置在压力室底板两排小轴承支撑的水平可自由移动铝板上，因此复合加压板既可水平自由移动，又可轴向压缩，既可减小中主应力面上的摩擦力，又可最大程度地减少对大主应力加压装置的干扰。

试样用特制的长方体橡皮膜封闭，上下两端开口，下端用铝合金框与橡胶垫片密封，用螺丝紧固，上端置于试样帽上部，用铝盖压紧，用螺丝紧固，使整个试样密封。试样帽与试样底座的压力室底板上都有排水管，可以决定是否进行排水试验。

2. 加荷系统

加荷系统主要完成对试样三向应力的施加。三向荷载来源于气压源，经过气液转换装置，气压转换成轴向和中主应力向的液压。小主应力 σ_3 通过气压调压阀，由压力室的气压稳压阀直接施加并在试验过程中保持定值。轴向大主应力 σ_1 和中主应力 σ_2 由微机控制的步进电机通过液压调压筒调节与试样接触的液压活塞，由传压杆加荷。

3. 控制和量测系统

控制系统由微机实时控制同步电机与步进电机，主要控制大、中主应力的施加速度、大小，以及控制轴向大、中主应变大小与应变速率，可以进行等应力控制、等应变控制、应力路径控制的试验（包括常见的平面应变试验）。

量测系统主要由微机自动采集位移传感器的三向位移数据、压力传感器的轴向荷载和中主应力方向荷载数据、孔压数据以及体变数据。除了气压（包括小主应力 σ_3 和反压 σ_b）需人工手动施加与读取数据外，其他试验数据都可由微机自动采集、存储在计算机里，以便对试验结果进行分析。

4. 输出系统

输出系统可以单独对相关试验数据及其图形和图表进行显示并打印，通过与常用试验数据分析软件建立接口程序，可以对试验数据进行误差分析、曲线拟合、等值线绘制及参数选取等工作。

第四节　试验步骤

本节以河海大学 ZSY-1 型真三轴仪为例,介绍真三轴试验过程。试验过程中,σ_3 方向采用气压加压,σ_1、σ_2 方向在气压的基础上再采用液压加压,σ_2 方向使用铝片与橡皮管相间组成的复合加载板,可以实现横向刚性传递力和竖向柔性随试样一起压缩,可有效避免 σ_1、σ_2 方向加压板的相互干扰。真三轴试验步骤如下:

一、试验前准备工作

(1) 试验前将上下刚性板内置的透水石清洗干净,然后放入蒸馏水中煮沸 10min,同时通过底座排水,排尽其内在的污泥和空气。

(2) 检查以确认系统运转正常、传感器工作正常,调试刚性板的位置。排去围压管和反压管内气泡。在试样底座上依次放上透水石后,反压管排水湿润透水石并保证排水通畅。

(3) 将橡皮膜充气后放入水内检查其气密性,然后在底座上套上橡皮膜,在橡皮膜上依次垫密封橡皮垫、铝合金框,并拧紧四个固定螺丝。

(4) 在橡皮膜的四个侧面上各放一块防护土工布,防止在制样击实及试验加压时土颗粒棱角将橡皮膜刺破。

(5) 在橡皮膜外面套上对开筒,穿过试样帽套上金属箍,并旋紧两侧螺丝。

二、试样制备

实验室制备无黏性土试样的方法主要有干装法和水下沉积法。干装法适用于制备非饱和粗粒土,饱和无黏性土试样的制备采用水下沉积法,根据试验要求选择合适的制备方法。

1. 干装法

干装法是将烘干的试样分多份逐层装入承膜筒,再采用敲击或夯击等方法达到控制的相对密实度的成样方法。干装法具体步骤如下:将称量好并烘干的试样用小勺分层装入,或使用漏斗保持距底部一定高度后倒入已经套上橡皮膜的承膜筒内;必要时敲击承膜筒,敲击到高度稳定后再填入下一层。

2. 水下沉积法

水下沉积法是让土样在水中自由沉积获取试样的方法。具体步骤如下:将土样加水煮沸,使试样达到饱和,试样冷却后分 4 层逐层装入承膜筒;装样之前要往承膜筒中的橡皮膜内注入 1/4 试样高的无气水,装样过程中装入的试样始终淹没在无气水面之下,以保证土样不与空气接触,一直处于饱和状态,多余的水由试样的底部慢慢排出。

三、试样安装

(1) 套入橡皮膜的试样放置在真三轴仪压力室底座上,装上试样帽、试样帽压框,并拧紧螺丝。

(2) 关上试样与外面相通的所有阀门。

(3) 到此,试样已经与外面大气隔绝。将吸球捏瘪,接通试样帽,吸试样中的空气,使其气压小于外界大气压,从而在试样内外施加一定的压差。

（4）拆掉对开筒，由于试样内外有一定压差，试样能够保持原来的长方体规则形状。注意在围压施加之前要将捏瘪的吸球一直与试样帽相通，且吸球不鼓起，从而保证试样内外一直都有一定压差，否则试样就会坍塌。

（5）将两块铝板放在压力室底板上的两排小轴承上。

（6）在橡皮膜的两个中主应力面上涂上硅脂，贴上一层比试样略低的硬板，防止试样表面凹凸不平的颗粒在中主应力方向加压时嵌入复合加压板的小橡皮管层。

（7）把两块复合加压板放在铝板上。

（8）放上 σ_2 反力架。

（9）依次安装小主应力传感器和中主应力传感器。

（10）调整轴向加压支架上加压轴的高度，使得轴向加压活塞在对试样加压的同时也将轴向加压支架同步往下压，轴向加压支架带动复合加压板也同步往下压，从而保证试样顶面始终与复合加压板顶面在同一水平面上。

（11）将轴向加压支架带有轴承的四个脚放置在复合加压板顶端。

（12）安装大主应力传感器。

（13）在轴向加压轴顶放上钢球，盖上有机玻璃盖筒，拧紧不锈钢拉杆螺丝，使压力室处于密封状态。

（14）打开 σ_3 加压阀门，在围压达到 20kPa 时即可将吸球拔掉，让试样与外界大气相通，这时试样就不会发生塌样。施加试验所需围压，依次打开电机电源、计算机、数据采集系统，开始试验。试验中注意，σ_1、σ_2 加压筒在手动加压时拔下上面的插销，用电机控制加压时则要插上插销。

四、应力控制与变形量测

装样后各项操作由仪器自动进行。根据电脑事先设计好拟做的应力路径，试验时仪器自行控制 σ_1 和 σ_2 的增长，且水平向原中主应力也可超过轴向应力而成为大主应力，但围压 σ_3 为小主应力，不能变。三个方向的变形由位移传感器测读并输入电脑。此外，仍可由试样排出的水量测读体积应变。

第五节　数　据　处　理

对于一般的空间问题，主应力和主应变分别为 σ_i、ε_i（$i=1$，2，3），选用广义正应力 p 和广义剪应力 q：

$$p = \frac{\sigma_1 + \sigma_2 + \sigma_3}{3} \tag{8-5}$$

$$q = \frac{1}{\sqrt{2}} \sqrt{(\sigma_1 - \sigma_2)^2 + (\sigma_2 - \sigma_3)^2 + (\sigma_3 - \sigma_1)^2} \tag{8-6}$$

与 p、q 相对应的广义体应变 ε_v 和广义剪应变 ε_s 分别为

$$\varepsilon_v = \varepsilon_1 + \varepsilon_2 + \varepsilon_3 \tag{8-7}$$

$$\varepsilon_s = \frac{\sqrt{2}}{3} \sqrt{(\varepsilon_1 - \varepsilon_2)^2 + (\varepsilon_2 - \varepsilon_3)^2 + (\varepsilon_3 - \varepsilon_1)^2} \tag{8-8}$$

在非线性弹性模型中，广义胡克定律的另一种表达形式为

$$\varepsilon_{ij} = \frac{\sigma_{ij}}{2G_t} - \frac{3\nu_t}{E_i}\sigma_m\delta_{ij} \tag{8-9}$$

$$G_t = \frac{E_i}{2(1+\nu_t)} \tag{8-10}$$

$$\sigma_m = \frac{\sigma_1 + \sigma_2 + \sigma_3}{3} = p \tag{8-11}$$

式中　E_i——切线弹性模量；

　　　G_t——切线剪切模量；

　　　ν_t——切线泊松比；

　　　σ_m——平均主应力。

将三个正应变相加则有

$$\varepsilon_r = \varepsilon_1 + \varepsilon_2 + \varepsilon_3 = \frac{\sigma_{ii}}{2G_t} - \frac{3\nu_t}{E_i}\sigma_{ii} = \frac{1-2\nu_t}{E_i}\sigma_{ii} = \frac{1}{K_t}\sigma_m \tag{8-12}$$

$$K_t = \frac{E_i}{3(1-2\nu_t)} \tag{8-13}$$

式中　K_t——切线体积模量。

$$\varepsilon_m = \frac{1}{3}(\varepsilon_1 + \varepsilon_2 + \varepsilon_3) = \frac{1}{3}\varepsilon_v \tag{8-14}$$

式中　ε_m——平均主应变。

由式（8-12）、式（8-14）得

$$\sigma_m = 3K_t\varepsilon_m \tag{8-15}$$

再由式（8-5）和式（8-7）得

$$p = K_t\varepsilon_v \tag{8-16}$$

如果用应力偏量 s_{ij} 来表示应变偏量 e_{ij}，则式（8-9）可以化为

$$e_{ij} = \varepsilon_{ij} - \varepsilon_m\delta_{ij} = \frac{\sigma_{ij}}{2G_t} - \left(\frac{3\nu_t\sigma_m}{E_i} + \varepsilon_m\right)\delta_{ij}$$

$$= \frac{s_{ij}}{2G_t} + \left(\frac{\sigma_m}{3G_t} - \frac{3\nu_t\sigma_m}{E_i} - \varepsilon_m\right)\delta_{ij}$$

$$= \frac{s_{ij}}{2G_t} + \left(\frac{\sigma_m}{2K_t} - \varepsilon_m\right)\delta_{ij}$$

$$= \frac{s_{ij}}{2G_t} \tag{8-17}$$

由于 $s_{ii} = 0$，因此，式（8-17）可以写成 5 个独立的方程，与式（8-15）联立可以推导出

$$q = 3G_t\varepsilon_s \tag{8-18}$$

第六节 成 果 应 用

一、研究中主应力对土的强度的影响

研究中主应力对土的强度的影响是早期真三轴试验的主要目的之一。用真三轴仪对不同试样进行的大量试验的结果表明，土的内摩擦角 φ 与反映中主应力的参数 $b=\dfrac{\sigma_2-\sigma_3}{\sigma_1-\sigma_3}$ 间的关系与土的性质、应力路径和仪器的边界条件诸因素有关。图 8-14 表示了各种条件下砂土试样的真三轴试验成果。可得到如下的一般结论：

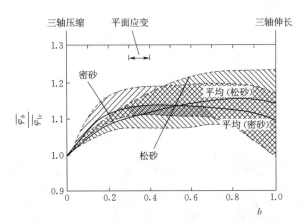

图 8-14 哈姆（Ham）河砂的真三轴试验结果[12]

$\overline{\varphi_b}$—中主应力参数 b 变化的过程中对应的内摩擦角的值；

$\overline{\varphi_{1c}}$—$b=0$（对应常规三轴压缩试验）时内摩擦角的值

（1）b 从 0 增加到 0.3（相当于平面应变破坏的应力状态）的过程，松砂和密砂的内摩擦角增加相对较快；随后，松砂内摩擦角随 b 的增加缓慢提高，而密砂内摩擦角随 b 的增大基本不变。

（2）密砂在 b 接近 1 时，内摩擦角出现明显的降低；而松砂在 b 接近 1 时，内摩擦角变化不大，也有稍微降低的现象。

关于土在 π 平面上的破坏轨迹，一般认为莱特-邓肯破坏准则较符合试验结果。它可以表示为

$$I_1^3-K_1I_3=0 \tag{8-19}$$

式中 I_1、I_3——应力第一和第三不变量；

$\qquad$ K_1——常数。

图 8-15 表示了在松砂、密砂和黏土试样上真三轴试验的结果，也画出了莱特-邓肯破坏准则所给出的破坏轨迹。此图是在假设土是各向同性的基础上绘制的。

二、研究三维应力状态下的应力-应变关系

为了了解在三维应力状态下土的应力、应变关系与常规三轴压缩试验下的区别，20 世纪七八十年代进行了较多的中主应力系数 b 为常数的真三轴试验。在这些试验中一般保持 σ_3 为常数或 σ_{oct} 为常数。

图 8-16 是李广信用承德中密砂进行的真三轴试验结果。可以看出，应力-应变关系有如下特点：

（1）随着 b 值的增加，$\sigma_1-\sigma_3$-ε_1 加载曲线变陡，峰值强度点提前，应变软化现象更加显著。

（2）随着 b 值的增加，土的体变 ε_v 压缩量有所增加，剪胀量减少。

（3）随着 b 值的增加，$\sigma_1-\sigma_3$-ε_1 的卸载-再加载曲线也变陡；ε_1-ε_v 的卸载-再加载曲线由 $b=0$ 时的锯齿形逐渐变成滞回圈形，即卸载时有体积回弹现象。

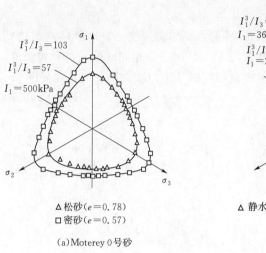
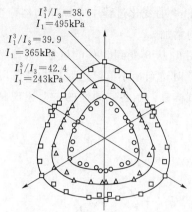

（a）Moterey 0号砂   （b）Grundite 黏土

图 8-15 π平面上土的莱特-邓肯破坏轨迹

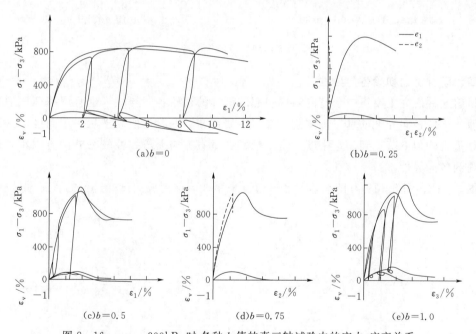

图 8-16 $\sigma_3 = 300\text{kPa}$ 时各种 b 值的真三轴试验中的应力-应变关系

三、研究应力路径转折时的应力-应变关系

研究应力路径转折时，土的应力-应变关系是一个很有意义的课题。而在 π 平面上围绕中心的圆周应力路径是最有代表性的。它集中反映了土的应力-应变关系的复杂性。图 8-17 表示了在渥太华密砂和重塑软黏土上这种应力路径试验的结果。图中 $\eta = \tau_{\text{oct}}/\sigma_{\text{oct}}$，$S_\sigma$ 表示 π 平面上路径的长度。可以发现：

（1）在这种 σ_{oct} 和 τ_{oct} 都保持常数，只改变 θ' 的真三轴试验中，无论是黏土还是砂土，都产生明显的体应变和剪应变。这是用一般的弹性理论和塑性理论都很难描述的。

（2）在 θ' 的变化过程中，试样的体应变基本上是单调增加的，θ' 超过 360° 以后，体变仍有缓慢的增加。

（3）在 θ' 从 0° 变到 360° 的过程中，试样的八面体剪应变 $\bar{\varepsilon}$ 在 $\theta'=180°$ 时达到最大值，在 $\theta'=360°$ 时达到最小值，这时应力状态与 $\theta'=0°$ 时完全相同，但 $\bar{\varepsilon}$ 仍有残余值。

如果试样是初始各向同性的，上述现象则反映了土由应力引起的各向异性。

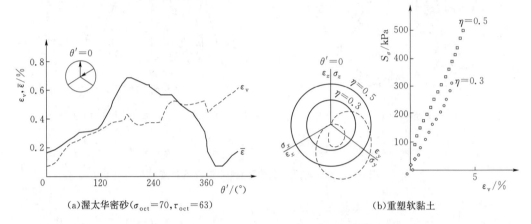

（a）渥太华密砂（$\sigma_{oct}=70,\tau_{oct}=63$）　　（b）重塑软黏土

图 8-17　π 平面上圆周应力路径的真三轴试验结果

四、研究土的初始各向异性

目前这种研究主要集中于室内制样引起的试样的初始各向异性，也有用冰冻法取样来研究原状土的各向异性的真三轴试验。在室内研究中，一般是使砂土从一定高度经一系列筛网靠重力均匀下落达到预定密度。由于颗粒在垂直方向上压缩性较另外两方向小，表现了较强的各向异性。

图 8-18、图 8-19 为日本学者春日通过采用玻璃珠制成的试样进行的真三轴试验结

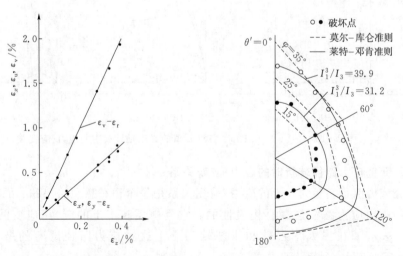

图 8-18　各向等压力压缩试验中各应变间关系　　图 8-19　π 平面上的破坏点及破坏轨迹
ε_r—径向应变；ε_u—水的应变

果。从图 8-18 可发现：在各向等压力压缩试验中，三个主应变并不一样。ε_v 远大于 $3\varepsilon_z$，$\varepsilon_x = \varepsilon_y = 2.2\varepsilon_z$。其中 z 方向为颗粒下落方向。图 8-19 表示了 π 平面上的破坏点及莫尔-库仑和莱特-邓肯的破坏轨迹。可见这些试验破坏点与这两个各向同性材料的破坏轨迹之间相差甚远。$\theta' = 60° \sim 120°$ 时，逐渐偏离理论破坏轨迹。当颗粒下落方向，即垂直方向为大主应力时，强度最高。

五、研究复杂应力状态下孔隙水压力

研究复杂应力状态和复杂应力路径下饱和土体在不排水条件下的孔压生成规律，特别是在特定的循环荷载下饱和土体的孔压生成情况是非常有意义的。这样的真三轴不排水剪切试验常需要施加反压并产生正的孔隙水压力，所以对真三轴仪要求较高。

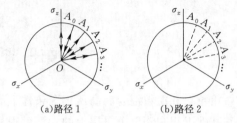

(a)路径 1　　　(b)路径 2

图 8-20 是清华大学张清慧用承德中密砂试样所做的真三轴不排水剪切试验结果。他做了两种应力路径的试验。第一种的总应力路径为：首先在 $\sigma_{oct} = 98$ kPa 下固结到点 O，然后进行径向循环不排水剪切试验 OA_0、A_0O、OA_1、A_1O、$OA_2\cdots\theta'$ 依次间隔 $20°$。第二种的总应力路径为从点 O 不排水加载到 A_0 后，沿 A_0、A_1、A_2、$\cdots$、A_0 完成一个圆周后回到 A_0。相应的孔压变化见图 8-20（c）。与图 8-17 比较，θ' 与 u 的关系和 θ' 与 ε_v 的关系十分相近。在应力水平 η 不高时，θ' 的变化会引

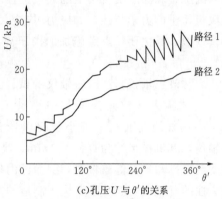

(c)孔压 U 与 θ' 的关系

图 8-20　真三轴不排水剪切试验结果

起孔压的积累。而路径 1 的径向循环加载路径中，积累的孔压更大一些。日本的山田等人用松砂所做的不排水真三轴剪切试验也得到类似的结果。

第九章　大型高压三轴试验

第一节　概　述

　　粗粒料和粗粒混合料高压工况条件下的强度及变形特性对大型土石坝工程、高层建筑地基基础工程和深厚覆盖层上的大坝工程的设计与施工非常重要。目前多采用大型三轴仪来获取粗粒土的力学特性，如应力-应变关系曲线等。大型高压三轴仪的主体结构与常规三轴仪近似，其主要特点是施加的围压高（可达十几甚至几十兆帕）、轴力大（几十到几百吨）。

　　比之常规三轴仪，高压三轴仪的试样及整体设备的尺寸都大得多，就研究对象而言，常规三轴试验大多数是为满足中小型工程细粒土的试验要求，其试样直径通常小于100mm，施加的围压 σ_3 一般小于 600kPa。1936 年德国学者卡路里（Callorio）发明了大型三轴仪，其试样尺寸为直径 300mm、高 900mm。由于高土石坝工程的发展，土料由细粒演变到粗砾和堆石等粗粒料，因而国内外相继研发了大型高压三轴试验仪器。在国外具有代表性的是墨西哥、日本和美国制造的大型高压三轴仪，其试样尺寸和围压分别为直径113cm、高 180cm、$\sigma_3 = 2500$kPa，直径 120cm、高 240cm、$\sigma_3 = 3000$kPa 和直径 91cm、高200cm、$\sigma_3 = 5000$kPa。我国大型三轴仪研制始于 20 世纪 50 年代，截至目前已能生产数种型号的大型高压三轴仪，其试样尺寸有直径 70cm、高 140cm、$\sigma_3 = 1500$kPa，直径 30cm、高 60cm、$\sigma_3 = 8000$kPa 等，并且采用电测技术实现了自动化。这些仪器目前已基本能满足我国各种类型工程的粗粒土三轴试验要求。

第二节　试　验　原　理

　　高压三轴试验之所以广泛应用，主要在于能较好地模拟大型工程实际应力条件和粗粒料级配等。高压三轴试验的原理和特点如下。

　　高压三轴试验与常规三轴试验一样，可以获得土的抗剪强度指标。它采用 3～4 个相同条件的圆柱状试样，对试样施加不同的各向相等的周围压力，在竖向再施加轴向压力，即在土体中实现相当于水平向两个主应力相等、竖直方向为另一主应力的三轴受力条件，然后分别在不同围压 σ_3 下进行三轴剪切试验，试样达到破坏状态时，得到各围压作用下的极限莫尔圆，如图 9-1 所示。各极限莫尔圆的强度包线为直线，也就是库仑强度线。该强度线的倾角 φ 即为内摩擦角，截距即为黏聚力 c。由图 9-1 中所示的几何关系则可求得破坏面与大主应力的夹角 $\alpha = 45° + \varphi/2$。

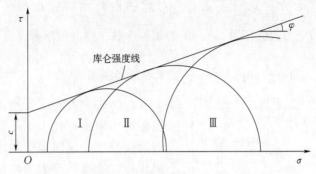

图 9-1　三轴压缩试验的库仑强度线和莫尔圆

实际上，高压三轴试验中土体的变形性状与低围压下的情况有所不同，主要表现为高围压下，强度包线不呈直线，而是呈向下微弯的曲线，如图 9-2 所示。这表示有效内摩擦角 φ 随着固结压力的增加降低了。为了反映这种变化，可以用折线来代替曲线，也就是在不同的压力范围用不同的强度指标。如图 9-3 所示，法向压力低于 σ_A 用 φ_1，法向压力高于 σ_A 用 φ_2。另一种方法是将 φ 表示为固结压力的某种函数，如图 9-4 所示，常用式（9-1）表示，即

$$\varphi = \varphi_0 - \Delta\varphi \lg \frac{\sigma_3}{P_a} \tag{9-1}$$

式中　P_a——大气压力；

　　　φ_0——$\sigma_3 = P_a$ 时的 φ 值；

　　　$\Delta\varphi$——反映 φ 随 σ_3 而降低的一个参数，$\Delta\varphi$ 和 φ_0 可在半对数纸上点绘 φ-σ_3 关系来
　　　　　确定。

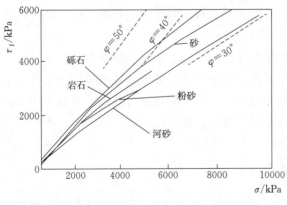

图 9-2　各种粒状土的强度包线

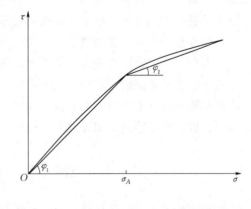

图 9-3　抗剪强度随法向应力的变化

高压三轴试验获得的土体变形性状与低围压下的情况有所不同还表现在，有些土如紧砂，受剪时体积会发生膨胀，这一般出现在低围压状态下，而在高围压状态下，所有土都会表现为剪缩。因此由于围压增大，剪胀作用逐渐减弱，而颗粒破碎增加，重排列作用

增大，故经典的库仑方程式已不适合。对此国内外学者提出另外的表达式为 $\tau_f = AP_a\left(\dfrac{\sigma}{P_a}\right)^B$，式中 P_a 为大气压力，A、B 为试验参数。也有的学者提出用通过坐标原点的某一应力圆的切线夹角 $\varphi = \sin^{-1}\left(\dfrac{\sigma_1-\sigma_3}{\sigma_1+\sigma_3}\right)$ 来表征强度包线。

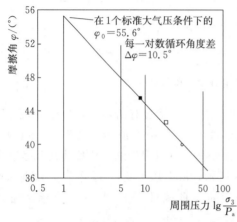

图 9-4 摩擦角随围压的变化曲线

有的研究发现，加拿大米卡（Mica）坝宽级配冰碛土在较大围压范围内强度包线均为直线变化，我国瀑布沟冰碛土采用相似法制样，试验结果与米卡坝结论一致。研究还表明，同一粗粒土采用不同应力路径的三轴试验，其应力-应变曲线差异很大，但强度参数变化很小。

常规三轴试验已经在各种工况下得到广泛应用，但这种试验受条件限制，在粗粒土力学特性研究中不能满足要求。首先是试样小，不能满足粗粒土的制样级配；其次是试验的围压 σ_3 较低，不能满足高土石坝等工程高应力状态。大型高压三轴试验与常规三轴试验相比，基本原理与主要的试验方法是基本相同的，主要区别是大型与小型、高压与低压、粗粒土与细粒土等。但由于试样大，压力高，因而在设备构造，试样制备，操作的难易程度、试验耗费的材料、时间等方面均有较大差异。

大型高压三轴试验试样尺寸相对常规三轴试验较大，试样采用的高径比一般为 2～2.5，以减小试样端部约束的影响，使试样中部应力趋于均匀。然而，由于试样尺寸较大，试样沿高度分布的侧向变形不均匀（一般呈腰鼓状），试样内部的孔隙水压力不易消散，故采用较小的高径比，使试样的侧向变形比较均匀，有利于测试应变参数。同时加大试样的直径有利于改善试样内部的应力应变分布状况。

大型高压三轴试验施加的围压大，压力室承受的压力高，多采用优质钢材构造，加压方式一般采用油压加压。轴向压力采用稳压系统控制千斤顶，分级直接施加轴向压力。围压控制装置有气水交换压力装置和油水交换压力装置，前者施加压力范围一般在 3MPa 范围内；后者可以达到 7MPa 以上，且反应灵敏，精度高，稳定效果好。

第三节 仪 器 设 备

到目前为止，国内外已研制和生产了各种型号的大型高压三轴仪，其试样尺寸和压力大小的变化范围较大。大型高压三轴仪的主要构造可分为三大系统：①加压与控制系统，包括轴向压力、周围压力和反压力的施加与控制装置；②量测系统，包括轴压、围压、孔压的量测装置以及轴向位移和体积变形的量测装置等；③数据采集及处理系统，采集试验过程中的压力与变形数据并进行后处理。现分别简介其主要构造。

一、加压与控制系统

1. 压力室

压力室为试样安置、围压与轴压施加的装置，并有管路与孔压、反压系统连接。压力室结构简图如图 9-5 所示。

（1）压力室的形式及承压值的确定。压力室多采用圆筒型（也有的采用球壳型），根据加荷方式不同而采用固定式或移动式。所谓固定式是压力室固定不动，大型高压三轴仪采用油压加压和稳压系统控制千斤顶，分级直接施加轴向压力。所谓移动式多采用油泵推动设在压力室下的油缸活塞，从而使压力室可上下移动的加压方式。压力室所承受的压力大小根据实际工程中土体所受压力而定，如欲测定 100m 左右坝高的土石坝粗粒土料，我国生产的大型三轴仪采用轴向荷载为 500kN、最大围压为 1500kPa。随着坝高为 200～300m 级高土石坝

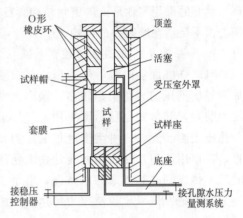

图 9-5　高压三轴仪压力室的剖面图

的建造，对压力要求更高，所以近几年来生产了最大围压达 8000kPa 的大型高压三轴仪。由于压力室直径大、承受的压力高，所以要求压力室采用耐压强度高的优质钢材。同时为了便于安装试样时轴线对中和剪切时的观察，在压力室侧壁互为 120°方向的上半部开设三个观测孔，并嵌入能耐压且密封好的透明材料。室顶处还开设一小孔以备压力室充水时排气之用，试验时用螺栓带橡胶圈密封。在压力室内试样底座中心开一小孔，通向室外以测定试样孔压。在压力室底还设两小孔供充水加压和排水之用。

（2）压力室尺寸的确定。压力室尺寸与其试验粗粒土试样的尺寸大小有关。而试样的直径 D 和高度 h 与粗粒土最大粒径 d_{max} 有密切关系。堆石料的最大粒径可达 100cm 左右，即使按通常的直径比 $D/d_{max}=4～6$ 的关系，试样尺寸也十分庞大而难以进行试验。为探求大三轴仪合理的试样尺寸，美国玛尔齐（Marachi）等人曾用 900mm、300mm 和 70mm 三种试样直径，采用 $D/d_{max}=6$ 配料制样，试验的结果是直径 300mm 试样所求得的 φ 比直径 900mm 的 φ 大 1.5°，而比直径 70mm 试样的 φ 小 3°～4°。说明试样尺寸采用直径 300mm 时测试粗粒土的强度可以满足需要，我国南京水科院等单位均得出相同的结论。鉴于此，再考虑到能实现仪器的标准化与规格化以及试验方便、省工省料省力等因素，目前国内外一般认为试样的直径和高度分别采用 300mm 和 600～700mm 为宜；同时认为 $D/d_{max}=5～6$、$H/D=2～2.5$ 为好，而通常采用 $D/d_{max}=5$ 和 $H/D=2$。值得说明的是试样尺寸效应的研究远未完成，仅对强度影响的研究就提出了多种 D/d_{max} 比值的范围。目前的研究不仅涉及考虑对强度的影响，而且还涉及对土的应力-应变特性的影响等诸多方面的问题。如有人提出仅测试强度时试样直径采用 300mm 即可，而兼测试强度和变形时宜采用试样直径为 500mm 的不同看法。此外，试样尺寸效应的研究尚需考虑试料的软硬程度、土石含量比例、级配的优劣、试样材料组成的模拟方法等因素。总之粗粒料是一种混合材料，而且各种影响因素十分复杂。试样尺寸效应问题近年来的研

究进展虽然很快，也有了一些有益的成果，但还不能说已成定论，有待于今后进一步探索研究。

（3）压力室顶部的传压活塞间间隙的处理。要求其间隙最小而且摩阻也要最小，以免影响轴向荷载的精度和保证在施加 σ_3 时密封无泄漏。例如有的在联接处设双层 O 形橡胶环，也有的采用其他形式的密封结构。目前有的在试样底座处设置压力传感器以测定轴向压力而不受活塞摩阻力的影响。

2. 周围压力 σ_3 的施加与控制系统

对试样施加各向相等的围压，要求整个试验过程中围压能保持稳定不变。对试样施加与控制围压的装置类型较多，国内大型三轴仪通常采用两种类型。第一种为气水交换压力装置，其形式是压力源采用空气压缩或高压氮气瓶，以调压阀作为压力大小的施加与稳定控制装置，该种类型施加的压力在 3000kPa 以内。第二种类型为油水交换压力装置，其作用原理是油泵将液压油输入稳压装置，使其平衡活塞上的压力增加，将液压油的压力传递到与其相通的水体内，整个工作过程中油泵不断地向稳定装置供油，以保证压力的稳定。该系统控制压力可达到高压为 7000kPa 左右，反应灵敏，精度高，稳定效果较好。

3. 轴向压力的施加与控制系统

轴向加压装置都采用液压油压千斤顶加压，试验过程中轴压控制有以下三种类型：

（1）应力控制式。所谓应力控制是指对试样分级施加轴向压应力而测定相应各级的试样变形。即采用液压加压和稳压系统，用千斤顶分级施加，并能自动稳压。应力控制式能测定每级荷载下试样的变形与时间的关系，研究土的蠕变特性较好，但不易测出土的应力-应变曲线上的峰值剪应力，不便于进行应变速率对土的强度影响的试验。

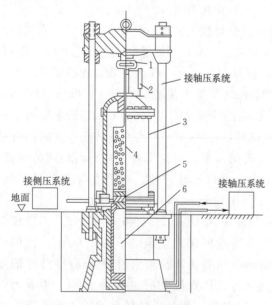

图 9-6 大型三轴剪切仪装置示意图
1—量力环；2—测变形标尺；3—压力室；
4—土样；5—滑动台；6—油压机

（2）应变控制式。所谓应变控制是指以一定的应变速率连续使试样产生剪切变形，并通过测力计测定相应轴向变形时的轴向压力。由于它较为方便，而且可测出应力-应变曲线的峰值等优点，所以常规三轴仪广为采用。我国大型三轴仪的轴向加压多采用液压动力源（如油泵）推动伺服油缸活塞，使压力室上下移动，同时试样上的活塞作用于反力框架，以反作用加力于试样上，并利用测力计或压力传感器测读相应变形时的轴向压力，如图 9-6 所示。

（3）混合控制式。美国和我国已研制成功了应力应变控制式或简称混合控制式的大型三轴仪。该试验的方法是：一开始即采用应力控制式加荷，直到接近试样破坏，然后转为应变控制式加荷并测定破坏点及其应力-应变关系曲线。该法克服了上述两种形式的缺点，综合发挥了它们的优点，在目前的实际试验中使用还不多，但在土的特性研究上还是有一定意义的。

4. 反压力的施加装置

它是对不易饱和的含黏性粗粒混合土施加反压力使试样达到充分饱和的装置。我国大型三轴仪通常是将试样安装于压力室内，通过调压阀将气压逐级施加于体变管顶部，使管内压力水从试样顶部压入试样内部，与此同时逐级施加围压与之平衡，最后使试样内的气体完全溶解于水而使试样达到完全饱和。其最大反压力可达 1000kPa。

二、量测系统

1. 轴向压力与周围压力的量测

轴向压力通常采用两种量测方式：①利用置于框架与活塞间测力计量测；②利用水下荷重传感器将轴向压力量测传感器装于压力室内的轴力杆上。由于第二种量测的轴力是直接作用于试样顶面上的力，量测精度较高；第一种量测的轴力包含轴力杆通过压力室的活塞摩擦力。

周围压力通常采用置于液压系统内的标准压力表或液压传感器直接测读。

2. 轴向变形的量测

目前我国大型三轴试样的轴向变形量测方式有三种：①采用置于压力室顶上的测微表测读；②采用位移传感器量测；③采用弦锤引伸仪量测。

3. 试样体积变化的量测

在大三轴饱和土的固结和排水剪切试验中，多直接采用排水量管测读试样体积的变化量。测定排水剪切试验试样在反压力作用下的体变，通常多采用油水分界的双管式体变管，也可以采用量管与差压传感器测读体变。应当指出，对于粗粒土试样，由于橡皮膜的嵌入影响，将引起体变量测的误差，应予以注意和校正。

4. 孔隙水压力的量测装置

饱和试样在围压以及轴向偏应力 $(\sigma_1 - \sigma_3)$ 的作用下，如果不允许排水，将产生孔隙水压力 u。对其量测的正确与否，应遵循的重要原则是必须控制试样中的孔隙水处于"连通状态"。同时要求量测系统的体积变化限制到最小限度，并且还须减少试样中孔隙水压力分布不均匀的影响。对于粗粒土的三轴试验，由于试样尺寸大，含黏粒的粗粒混合土的渗透性小等特点，对上述的要求更显得重要。目前大型三轴仪量测孔隙水压力的装置多采用液压传感器与压力室底座出水口相连，这样不需要用管路连接，反应灵敏，测试较精确。值得指出的是，解决孔隙水压力在试样中分布不均匀的问题的方法仍在继续探索，如改进试样帽与底座的约束，在试样中部插针或埋设多孔塑性管等方法都做过研究。

三、数据采集及处理系统

大型高压三轴试验技术复杂、时间长、劳动强度大，试验过程自动控制和试验数据自动采集是一个亟待解决的问题。计算机和传感器的广泛应用促进了三轴试验的自动化，提高了试验精度，节省了人力和时间，减轻了试验者的劳动强度。目前小型三轴试验的自动化已应用很广；大型三轴试验的自动化原理也大致相同，主要包括两方面：①试验数据采集和处理，如图 9-7 所示；②试验过程的自动控制。

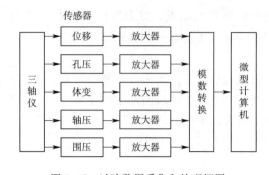

图 9-7 试验数据采集和处理框图

所谓数据采集与处理就是利用压力传感器和位移传感器将轴压、围压、反压、孔压以及轴向变形、体变等物理信号转换成电模拟信号，通过电模数放大转换输给微型计算机采集并进行数据运算，将结果进行显示、绘制、打印等。所谓试验过程的自动控制是指在数据采集系统上增加转换器、控制电路以及伺服装置，对三轴试验的全过程实行自动控制，主要控制试验过程中轴压、围压的变化，速率调整以及开机、停机等。

第四节　试验准备与步骤

一、使用三轴仪前应按照下列规定进行检查

1. 轴向压力系统、周围压力系统运行正常

根据工程要求确定围压 σ_3 的最大值，按 $\sigma_1 > 5\sigma_3$ 估算轴向额定压力。轴向荷载传感器的最大允许误差宜为 $\pm 1\% \mathrm{F} \cdot \mathrm{S}$。

2. 压力室应密封不泄露

传压活塞应在轴套内滑动正常，孔隙压力量测设备的管道内应无气泡，各管道、阀门、接头等应通畅不泄露。检查完毕后，关闭周围压力阀、排水阀、孔隙压力阀等，以备使用。

3. 橡皮膜应不漏水

4. 孔隙压力量测系统管路的气泡应排除

其方法是：孔隙压力量测系统中充以无气水并施加压力，小心打开孔隙压力阀，让管路中的气泡从压力室底座中排出。应反复几次直到气泡完全冲出为止。孔隙压力量测系统体积因数应小于 $1.5 \times 10^{-5} \mathrm{cm}^3/\mathrm{kPa}$。

二、试验材料级配的模拟方法

在前节说明了试样直径 D 不应小于试样最大控制粒径 $d_{\max}$ 的 5 倍（$D \geqslant 5d_{\max}$），试样高度 H 宜为试样直径 D 的 2～2.5 倍（$H/D = 2 \sim 2.5$）。在试样尺寸已定的情况下，对超过试样最大控制粒径 $d_{\max}$ 的土料如何处理，而且处理后的试料是否接近原级配土料的实际工程性质，这是粗粒料试验需解决的首要问题。目前采用模拟级配的方法有剔除法、相似法和等量替代法三种。剔除法是将超过 $d_{\max}$ 的部分土料剔除掉，而把剩余部分作为试验材料整体求出各粒组相对含量作为试验级配。有人认为超粒径含量小于10%者用此法才符合原级配特性。相似法是根据 $d_{\max}$，按几何相似等比例地将原级配粒径缩小的方法。该法的特点是保持与原级配的几何相似，使不均匀系数和曲率系数保持不变，但细粒含量增加，使试验材料细化，从而影响土的力学性质。此法在国外采用较多，我国一些单位也有采用的。等量替代法是将 $d_{\max}$ 粒径以下的一定范围的粒组按比例等量替代超过 $d_{\max}$ 粒径以上部分。该法可保持细粒部分的含量不变，但粗粒级配改变了，有可能改变原级配粗、

细颗粒间的充填关系。此法在我国采用较多。三种方法的级配曲线如图 9-8 所示。

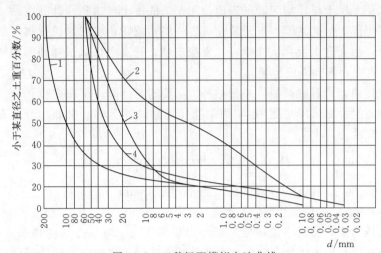

图 9-8　三种级配模拟方法曲线
1—原始级配；2—剔除法；3—替代法；4—相似法

三种模拟方法各有其特点。例如，用三个工程的试料以不同模拟法进行试验，采用相似法缩制试样，则所有试料都由原来的骨架作用明显的堆石料变成充填密实的砂石料。而以等量替代法缩制试样，有两个工程由原级配良好的堆石料变成级配不良的碎石料，另一工程替代后的试样不均匀系数未变，其密度也接近原级配的密度。又如用同一种粗粒土分别采用相似法和替代法试验，结果前者的应力-应变曲线为硬化型，而后者则为软化型。还有些研究提出，对含泥多的砂卵石料采用等量替代法，对含细粒较少或不含细粒的新鲜堆石宜用相似法。也有人认为联合采用上述两种方法会获得较好的效果。

三、粗粒土试样的制备与安装

粗粒土由于颗粒大小悬殊，成因多种多样，渗透性大小相差较大，这些特点与细粒土制样上有较大差异。制样方法除采用击实法和静压法外，对无黏性粗粒土还须用振捣法，而且还须施加一定负压才能使试样成型和安装。上述制样方法都会使粗颗粒破碎而改变级配，特别是制样时易出现粗细颗粒分离架空现象，由此造成不同试样间的结构孔隙差别比较大，从而引起试验中试样间成果的离散性或平行试验间成果的差异性。因此制样中除尽量减少颗粒破碎外，更应防止离散架空现象。同时在安装制样时应注意试样膜与底座和试样帽之间的绑扎紧密与固定，以保证试样的密封。

试样制备应按以下步骤进行：

(1) 应控制试样最大粒径 d_{max} 不大于试样直径 D 的 $1/5$ （$D \geqslant 5d_{max}$），试样高度 H 宜为试样直径 D 的 $2 \sim 2.5$ 倍（$H/D = 2 \sim 2.5$），一般试样直径宜采用 $200 \sim 500 \text{mm}$。

(2) 根据试验要求的干密度、含水率及试样尺寸计算并分层称取试验所需的土样，分层击实制样，分层不少于 5 层。

(3) 将透水板放在试样底座上，开进水阀，使试样底座透水板充水至无气泡逸出，关闭阀门。

(4) 在底座扎好橡皮膜，安装成型桶，将橡皮膜外翻在成型桶上，并使其顺直和紧贴成型桶内壁。

（5）装入第1层土样，均匀拂平表面，用振捣法使土样达到预计高度后，再以同样方法填入第2层土样。如此继续，直至装完最后一层，应防止粗细颗粒分离，保证试样均匀性。整平表面，加上透水板和试样帽，扎紧橡皮膜。开真空泵从试样顶部抽气，使试样在30kPa负压下直立，再卸除成型桶。

（6）查橡皮膜，若有破裂处，进行粘补，必要时再外套一层橡皮膜。

（7）用钢直尺量测试样高度 H_0，用钢卷尺量测试样上部、中部、下部直径。试样平均直径 D_0 应按照下式计算：

$$D_0 = \frac{1}{4}(D_1 + 2D_2 + D_3) - 2d_m \qquad (9-2)$$

式中　　D_1、D_2、D_3——试样上部、中部、下部直径，cm；

d_m——橡皮膜厚度，cm。

（8）安装压力室，旋紧连接螺栓。开压力室排气孔，向压力室注满水后，关排气孔。开压力机，使试样与传力活塞和轴向荷载传感器等接触，当轴向荷载传感器的读数微动时立即停机，并调整轴向位移计（百分表）和轴向荷载传感器读数为零。

四、试样膜的强度及嵌入的影响校正

粗粒土试样外的试样膜在制样和承压后有被刺穿损坏或使试样表面出现凹凸状的麻面，从而影响试验的量测精度。故要求试样膜具有抗渗、抗穿刺能力，而且有一定张拉强度对试样约束最小。

大型三轴试验由于试样膜厚度增大，必须重视其强度对试验成果影响的校正，目前校正方法之一为毕肖普提出的橡皮膜弹性模量计算法；或用实测法，即分别用有一层或多层橡皮膜的试样进行试验，再相互对比找出其试验差值，并以此作为其校正值。

试样膜在围压作用下会嵌入试样表面的孔隙中而形成麻面，从而引起试样虚假的体积变化值和影响孔隙水压力大小，这就是所谓的嵌入效应问题。不少学者从理论上和试验上都做过研究，主要影响因素有颗粒大小分布、颗粒形状、有效应力大小、膜的厚度与结构形式及试样尺寸等。但粗粒土试样膜在高压下所引起的体变、孔压、强度及应力-应变的变化的校正问题还有待于进一步研究。

五、试样饱和、固结标准与剪切速率

1. 试样饱和

对含黏粒的粗粒混合土常采用抽真空或加反压力饱和法；而对无黏性粗粒土则采用抽真空或水头饱和法以及二氧化碳饱和法，也可采用几种方法联合饱和。但应注意在静水头饱和时，有可能在静水头作用下橡皮膜外凸，造成试样初始体变增大，从而使固结体变测得不准确。可预先施加小的围压（$\sigma_3 \leqslant 30kPa$）进行克服。当孔隙压力系数 $B \geqslant 0.95$ 时，可认为试样已经达到饱和，否则应继续饱和。

2. 固结标准

判别固结稳定的标准通常为使孔隙水压力消散至 $0.05\sigma_3$ 以下并趋于稳定。对于含黏粒的粗粒混合土，可控制固结度；而对于无黏性土，可控制固结排水量。

3. 剪切速率

试验剪切速率的大小应使孔隙水压力分布均匀或使孔隙水压力能充分消散和方便测

读，同时要求蠕变对强度和变形影响最小。试验表明，无黏性土由于透水性大，剪切速率对其影响较小，可采用较快的剪切速率。含黏粒的粗粒混合土的渗透性与黏粒含量相关，甚至达到与黏性土相近的数值，故剪切速率对其影响较大。现将《土工试验方法标准》（GB 50123—2019）建议的剪切速率列于表9-1供参考。

表9-1 粗粒土的建议剪切速率

试 验 方 法	剪切速率/(%/min)	
	黏性粗粒土	无黏性粗粒土
不固结不排水剪	0.1～0.5	0.15～1.0
固结不排水剪	0.05～0.1	0.1～1.0
固结排水剪	0.012～0.0033	0.1～0.5

六、无黏性粗粒土固结不排水剪试验步骤

（1）试样饱和后，使量水管水面位于试样中部，测记读数。关排水阀，测记孔隙压力计的起始读数。施加周围压力至预定值，并保持恒定，测定孔隙压力计稳定后的读数。

（2）开排水阀，每隔20～30s测记排水量管水位和孔隙压力计读数各1次。在固结过程中随时绘制排水量 ΔV 与时间 t 或孔隙水压力 u 与时间 t 的关系曲线。正常情况下，排水量趋于稳定，即曲线的下段趋于水平，即认为固结完成。

（3）固结完成后，关排水阀，测记量水管水位和孔隙压力计读数。开压力机，当轴向荷载传感器微动时，表示活塞与试样接触，关压力机，测轴向位移计读数，计算固结下沉量 Δh。

（4）按表9-1建议的速率施加轴向压力。试样轴向应变每变化0.1%～0.4%测记轴向荷载传感器、孔隙压力计和轴向位移计读数各1次，若有特殊要求，可酌情加密或减少读数次数。有峰值时，试验应进行至轴向应变达到峰值出现后的3%～5%；如无峰值，则轴向应变达到15%～20%。

（5）验结束后，关孔隙压力阀，卸去轴向压力，再卸去周围压力，开压力室排气孔和排水阀，排去压力室内的水，卸除压力室罩，揩干试样周围余水，去掉橡皮膜，拆掉试样，并对剪后试样进行描述。

（6）其余几个试样应分别在不同围压下按上述步骤进行试验。

七、无黏性粗粒土固结排水剪试验步骤

按照无黏性粗粒土固结不排水剪试验步骤（1）、（2）进行固结，完成后不关排水阀，使试样保持排水条件。按照表9-1规定的剪切速率进行剪切。在剪切过程中测记轴向荷载传感器、轴向位移计和量水管读数。其余试样应分别在不同围压下进行试验。

八、含黏粒的粗粒混合土不固结不排水剪试验步骤

（1）试样饱和后，关进水阀、排水阀，开周围压力阀，施加周围压力至预定值，并保持恒定，周围压力的大小应根据工程实际的荷载选用。

（2）采用表9-1的速率，按照无黏性粗粒土固结不排水剪试验步骤（4）～（6）进行剪切，试验过程中可不测孔隙水压力。

九、含黏粒的粗粒混合土固结不排水剪试验步骤

（1）试样饱和后按照粗粒土固结不排水剪试验步骤（1）、（2）进行排水固结，同时开排水阀和秒表，在 0min、0.15min、1min、4min、9min、16min、25min、36min、49min 等时刻测记量水管水位和孔隙压力计读数，在固结过程中随时绘制固结排水量 ΔV 与时间 t 的对数（或平方根）曲线；或绘制孔隙水压力消散度 U 和时间 t 的对数曲线。

（2）对试样施加反压力时，应按照反压力饱和法施加规定进行，然后保持反压力恒定，关排水阀，增大周围压力，使其与反压力之差等于选定的周围压力并保持恒定，测记稳定后的孔隙压力计和体变管水位读数作为固结前的初始读数。然后开排水阀，让试样排水到体变管，按照步骤（1）进行排水固结。固结度至少达到 95%，固结完成后测记体变管水位、孔隙压力计和轴向位移计读数等，测定固结下沉量 Δh。

（3）剪切速率应按照表 9-1 进行控制，并按照无黏性粗粒土固结不排水剪试验步骤（4）进行剪切，但是剪切过程中不测孔隙水压力。

（4）对固结不排水，不测孔隙水压力的剪切试验，在固结完成后，关排水阀、孔隙压力阀，按上述步骤进行剪切，但是剪切过程中不测孔隙水压力。

十、含黏粒粗粒混合土固结排水剪试验步骤

固结完成后不关孔隙压力阀和排水阀，保持排水条件，按照表 9-1 的剪切速率进行剪切，在剪切过程中测记轴向荷载传感器、轴向位移计、孔隙压力计读数和量水管水位。

第五节 数 据 处 理

试验目的不同，大型高压三轴试验的资料整理方法也不同。本节仅介绍邓肯-张（E-B）模型参数的整理方法。

一、切线弹性模量和体积模量的计算

根据下列两式计算土的切线弹性模量 E_i 和体积模量 B：

$$E_i=\left[1-\frac{R_f(1-\sin\varphi)(\sigma_1-\sigma_3)}{2C\cos\varphi+2\sigma_3\sin\varphi}\right]^2 KP_a\left(\frac{\sigma_3}{P_a}\right)^n \tag{9-3}$$

$$B=K_b P_a\left(\frac{\sigma_3}{P_a}\right)^m \tag{9-4}$$

式中 R_f ——破坏比，为破坏应力差 $(\sigma_1-\sigma_3)_f$ 与应力差渐近值 $(\sigma_1-\sigma_3)_{ult}$ 的比值，数值小于1；

φ ——内摩擦角，（°）；

C ——咬合力，kPa；

σ_1、σ_3 ——轴向应力和周围压力，kPa；

P_a ——大气压力，kPa；

K、n ——模量数和模量指数，无量纲数；

K_b、m ——体积模量数和体积模量指数，无量纲数。

二、确定 E-B 模型参数的方法

1. 应力-应变曲线绘制

根据试验资料和计算结果绘制应力-应变曲线，如图 9-9（a）所示。

2. 抗剪强度指标的计算

（1）含黏粒的粗粒混合土的计算。可以分压力段作强度包线以求出两压力段的强度指

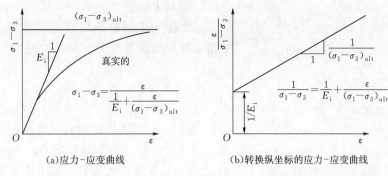

（a）应力-应变曲线　　　　　　　（b）转换纵坐标的应力-应变曲线

图 9-9　用双曲线表示的应力-应变曲线

标 C、φ 值。

（2）无黏性土的 φ、φ_0 及 $\Delta\varphi$ 的计算。几乎所有土类的莫尔包络线都出现某种程度的弯曲，压力越大，弯曲越大，故选一单值 φ 很困难。因此可采用下述两种方法：

1）分别绘制每一应力圆的包线通过原点，并用公式 $\varphi = \sin^{-1}\left(\dfrac{\sigma_1 - \sigma_3}{\sigma_1 + \sigma_3}\right)$ 定出 φ 值。

2）求出 φ 以后，再绘制 φ 随 σ_3 的对数成比例减少的曲线，如图 9-4 所示，并用式（9-1）表示其变化。

3. 参数 K 及 n 的计算

（1）确定每一次试验曲线的 E_i。试验研究表明，大多数应力-应变曲线近似为双曲线，如图 9-9（a）所示，其表达式为

$$\sigma_1 - \sigma_3 = \frac{\varepsilon}{a + b\varepsilon_1} = \frac{\varepsilon}{\dfrac{1}{E_i} + \dfrac{\varepsilon}{(\sigma_1 - \sigma_3)_{ult}}} \tag{9-5}$$

式中　$(\sigma_1 - \sigma_3)_{ult}$ ——应力差渐近值。

E_i 及 $(\sigma_1 - \sigma_3)_{ult}$ 的求法是将 $(\sigma_1 - \sigma_3)$-ε 曲线的纵坐标转换成 $\dfrac{\varepsilon}{\sigma_1 - \sigma_3}$，如图 9-9（b）所示。该直线的截距为 $a = \dfrac{1}{E_i}$，斜率 $b = \dfrac{1}{(\sigma_1 - \sigma_3)_{ult}}$。大量研究经验表明，选择通过应力-应变曲线上强度为 70% 和 95% 两点转换的直线，与相应的应力-应变曲线配合较好。故计算中仅取每条曲线上强度为 70% 和 95% 两点进行转换连成直线，其截距即为 $\dfrac{1}{E_i}$，斜率为 $\dfrac{1}{(\sigma_1 - \sigma_3)_{ult}}$。

（2）E_i 随 σ_3 变化的关系由杨布（Janbu）建议的下式表达：

$$E_i = KP_a\left(\frac{\sigma_3}{P_a}\right)^n \tag{9-6}$$

式（9-6）中 E_i 随 σ_3 的变化由图 9-10 所示。式（9-6）中，K 值为图 9-10 中 $\sigma_3 = P_a$ 对应点的截距值；n 为图中直线的斜率值，也可用 $n = \dfrac{\Delta\lg\left(\dfrac{E_i}{P_a}\right)}{\Delta\lg\left(\dfrac{\sigma_3}{P_a}\right)}$ 数解求得。

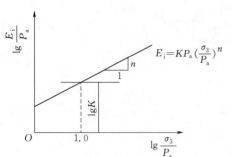

图 9-10 初始切线弹性模量随围压
的变化曲线

4. 参数 E_{ur} 值的计算

用加载及卸载的不同模量值代表弹性性质，加载及再加载模量 E_{ur} 值与 σ_3 的关系由式（9-7）表示：

$$E_{ur} = K_{ur} P_a \left(\frac{\sigma_3}{P_a}\right)^m \qquad (9-7)$$

式中 K_{ur}——卸载及再加载模量数，其值大于初次加载模量数 K 值。如果承受卸载及再加载的区域不大，而对分析结果没有主要影响，即可取 $K_{ur} = (1.2 \sim 3) K$。

5. 参数 K_b 及 m 的计算

根据常规三轴试验的 $\sigma_1 - \sigma_3 - \varepsilon_1$ 曲线上任意点（如图 9-11 中点 A）的 $\sigma_1 - \sigma_3$ 值与相应体变曲线上点 A' 的体变 ε_v 值，按式（9-8）计算体积模量 B 值：

$$B = \frac{\sigma_1 - \sigma_3}{3\varepsilon_v} \qquad (9-8)$$

确定点 A 的原则如下：

（1）如果体变曲线在强度为 70% 的阶段前还没有达到一水平切线时，就采用应力水平为 70% 时的应力-应变及相应体变曲线上的点。

（2）如果体变曲线在强度为 70% 的阶段前就已达到一水平切线，则就采用体变曲线上变为水平处的点，以及应力-应变曲线上相应的点。

（3）绘制 B 随 σ_3 变化的关系曲线，如图 9-12 所示。图中所标示的值即为所求的 K_b 和 m，大多数 m 值在 0~1.0 之间变化。

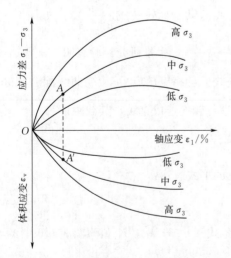

图 9-11 土体非线性应力-应变及体积变化曲线

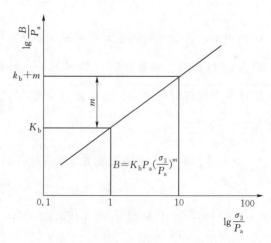

图 9-12 体积模量随围压变化曲线

大型高压三轴试验国外起步较早，目前我国处于快速发展阶段，大型三轴试验已列入土工试验规程。但大型试验中存在的问题还不少，诸如非饱和粗粒土的孔压与体变测定、粗粒土的结构性及各向异性对强度和变形的影响、粗粒土的湿化变形以及在复杂应力和循环应力下的强度和变形等问题都有待于从理论和试验上进行研究。

第六节　成　果　应　用

1. 掌握粗粒土剪胀性和应力剪胀方程

（1）采用大三轴剪切仪对三种不同相对密度的双江口心墙坝覆盖层料进行固结排水剪切试验，重点研究粗粒土的剪胀特性，发现粗粒土与围压和相对密度的关系密切，低围压下粗粒土剪胀趋势更明显，高围压下剪胀性减弱；同时随着相对密度的增大，粗粒土剪胀性增强。相变应力比是粗粒土剪胀强弱的一个重要影响因素，会随密度的增加而增加，随围压的增大则呈线性减小趋势。

（2）结合试验结果，检验修正剑桥模型的剪胀方程、Rowe 剪胀方程对粗粒土的适用性。结果表明，修正剑桥模型的剪胀方程不能反映粗粒土的剪胀性；Rowe 剪胀方程在一定程度上能反映粗粒土的剪胀性，但高围压下在压缩阶段低估了其压缩性，而在剪胀阶段则高估了其剪胀性。

（3）结合 3 种粗粒料的试验数据，深入分析并总结出了最大剪胀率与相对密度、围压之间的关系，提出如下适用于粗粒土的经验型应力剪胀方程，并给出了剪胀方程参数 A、B 的确定方法。

$$d = A(M^2 - \eta^2)\eta^m + B$$

式中：M 为破坏应力比；η 为当前应力比；A、B 为材料参数，其中 A、B 分别为 d 与 $(M^2 - \eta^2)\eta^m$ 直线关系的斜率与截距；m 为试验常数。

同时采用此剪胀方程和 Rowe 剪胀方程分别对多种粗粒土三轴试验结果进行预测，验证了此经验方程模拟粗粒土剪胀性的合理性。

2. 掌握粗粒料湿化变形特点

采用大型高压三轴仪，控制坝壳料围压分别为 0.1MPa、0.4MPa、0.8MPa、1.8MPa，η 分别为 1/3、2/3、9/10，对黑河土石坝的坝壳料进行了三轴条件下湿化试验研究。结果表明，同一围压下，随着应力水平的提高，湿化轴向应变逐渐增大，湿化体应变逐渐减小；同一应力水平下，湿化轴向应变在低应力水平时随围压的增大而增加，高应力水平时随围压增大而减小，湿化体应变则随围压增大而增大。通过与高压三轴固结排气剪切试验和饱和固结排水剪切试验进行对比分析，研究湿化试验的抗剪强度特性，发现同一种试料下固结排气剪的抗剪强度最大，湿化试验的抗剪强度次之，固结排水剪的抗剪强度最小。

第十章 动 三 轴 试 验

第一节 概　　述

　　动三轴试验是指在三轴应力条件下，对岩土试样施加动力荷载，以测定其动应变和动强度，掌握其动力特性指标和特性规律的试验。本章介绍土的动三轴试验，是试样在轴对称固结应力状态、轴向动应力控制激振、等幅频的往返荷载和饱和不排水条件下（尚可在轴向动应变控制激振、扭剪激振、变力幅或变波序的不规则动荷激振、双向激振、非饱和状态或部分排水条件下进行）的一种特定试验，称之为常规动三轴试验。由于土动力特性试验是为了获取与特定分析方法相匹配的动力特性参数，而实际工程中，土体性质及其工程条件差别较大，故动力特性试验必须尽量模拟实际的土性条件、受力条件、排水条件和动荷条件。动三轴试验是应用最广泛、受力条件简单明确的土的动力特性测试方法。

第二节 试 验 原 理

　　动三轴试验测定动应力-动应变关系与动力变形参数、动孔隙水压力以及动抗剪强度与液化等方面的特性。现分别讨论其试验的基本原理。

一、土的动应力-动应变关系与动力变形参数

　　常规动三轴试验受力与加载方式见图 10-1。土的动应力-动应变特性常需用两类曲线来描述：一类是动应力幅值 σ_{dmax} 与相应动应变幅值 ε_{dmax} 之间的曲线，即骨干曲线（$\sigma_d - \varepsilon_d$ 曲线）；另一类是动应力作用的一个循环内各时刻的动应力 σ_{dt} 与相应动应变 ε_{dt} 之间的曲线，即滞回曲线（$\sigma_{dt} - \varepsilon_{dt}$ 曲线），如图 10-2 所示。

　　已有研究表明骨干曲线可用双曲线很好地拟合，而描述滞回曲线的各种模式与土的实际性能往往有较大的差别（尤其在 σ_d 较大时）。但是模型与真实土性的滞回曲线围定的面积大致相等，且滞回曲线围定的面积以及滞回曲线的斜度（即应力幅、应变幅对应的两个点所确定的斜度）随应变幅的变化关系均相近似。因此，如果不对滞回曲线的形状提出严格的要求，则非线性黏弹性模型可基本上描述土的动应力-动应变关系特征，黏弹性模型中，土的能量消耗被认为是黏性阻尼。由于用滞回曲线的面积可以确定出等效的阻尼比，由滞回曲线的斜度可以确定出等效的弹性模量，因此，只要通过试验建立等效阻尼比和等效模量随动应变幅变化的非线性关系，即可根据应变幅值得到相应的阻尼比和模量。这种模型称为等效线型模型，其概念明确，方法简便，因而应用广泛。动三轴试验常被用于确定这种模型中动模量和阻尼比两个土动力特性参数。

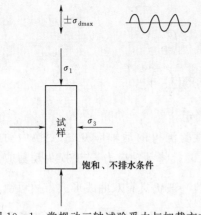

图 10-1　常规动三轴试验受力与加载方式

σ_1—竖向轴向大主应力；σ_3—水平轴向大主应力

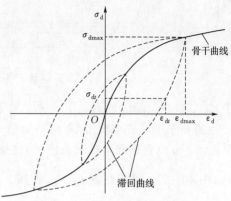

图 10-2　骨干曲线与滞回曲线

1．动模量

动模量定义为引起单位动应变所需的动应力，即 $E_d = \sigma_d / \varepsilon_d$。理论上讲，动模量还与土的干扰频率 p 和自振频率 ω 之比有关，当 $p/\omega \ll 1$ 时，方可用如上的定义。由于动应力幅值 σ_{dmax} 与相应动应变幅值 ε_{dmax} 之间的曲线通常具有双曲线形式（图 10-3），动模量 E_d 与动应变 ε_d 之间的关系（图 10-4）可写为

$$\sigma_d = \frac{\varepsilon_d}{a + b\varepsilon_d} \tag{10-1}$$

或

$$\frac{1}{E_d} = a + b\varepsilon_d \tag{10-2}$$

或

$$E_d = \frac{1}{a + b\varepsilon_d} \tag{10-3}$$

式中　a、b——与土性及静应力性态有关的参数。

a、b 与平均固结主应力 σ'_{mc} 有关，即

$$\left.\begin{aligned} a &= \alpha_0 (\sigma'_{mc})^{m_1} \\ b &= \beta_0 (\sigma'_{mc})^{m_2} \end{aligned}\right\} \tag{10-4}$$

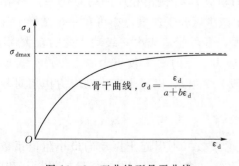

图 10-3　双曲线型骨干曲线

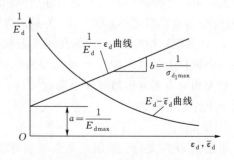

图 10-4　动模量与动应变关系曲线

或写为

$$
\left.\begin{array}{ll}
a=\dfrac{1}{E_{\text{dmax}}}, & E_{\text{dmax}}=K_1 P_a\left(\dfrac{\sigma'_{\text{mc}}}{P_a}\right)^{n_1} \\[3mm]
b=\dfrac{1}{\sigma_{d_1 \max}}, & \sigma_{d_1 \max}=K_2 P_a\left(\dfrac{\sigma'_{\text{mc}}}{P_a}\right)^{n_2}
\end{array}\right\}
\tag{10-5}
$$

式中，α_0、β_0、m_1、m_2 或 K_1、K_2、n_1、n_2 由试验确定。

当需要求得动剪切模量 G_d 时，可将动三轴试验测得的动轴应变 ε_d 变换为动剪应变 $\gamma_d=\varepsilon_d(1+\mu)$（在饱和不排水条件下泊松比 $\mu=0.5$）；将动轴应力 σ_d 变换为动剪应力 $\tau_d=\dfrac{1}{2}\sigma_d$（图10-5），然后绘制 τ_d-γ_d 曲线。这种曲线一般仍具有双曲线形式，故可由上述同样的计算步骤得出 G_d-γ_d 关系及其中相应的试验参数。动剪切模量 G_d 亦可直接用弹性理论的公式进行如下计算：

$$
G_d=\frac{E_d}{2(1+\mu)}
\tag{10-6}
$$

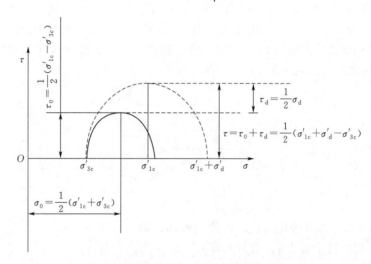

图10-5　动应力与45°面上的动剪应力

可见，为了求得动模量，只需在不同试样上以一定振次（理论上为1次，实用上可适当放大，但以尽量减小为宜）分别施加不同的动应力 σ_d 测出相应的动应变 ε_d，作出动应力-动应变曲线，即可得到 E_d-ε_d 关系。为了减少试验工作量，亦可在一个试样上逐级增大 σ_d，分别测取相应的 ε_d；如孔压上升较大，有可能造成次一级动应变的较大误差时，则在一个试样上仅可施加较小和较大两级动应力。此时要求较小动应力仅产生较小的孔压，较大动应力要远远超过较小动应力（一般为2倍），以减小较小动应力作用对较大动应力下土性态的影响。

2. 阻尼比

阻尼比 D 定义为土的阻尼系数与临界阻尼系数（不引起土振动的最小阻尼系数）之比。已经证明，它可根据滞回曲线围定的面积 A_0（表示振动一周内能量的损耗）和应力-应变三角形 OAB 的面积 A_T（表示振动周内所贮蓄的弹性能量）（图10-6）按式（10-7）

算出：

$$D = \frac{1}{4\pi} \frac{A_0}{A_T} \qquad (10-7)$$

由于 A_0 和 A_T 对于不同的动应力幅值是变化的，故利用式（10-7）可以作出 D-ε_d 关系曲线，如图 10-7 所示；式（10-7）同样可以转换为 D-γ_d 关系。

可见，为了求得阻尼比及其随动应变幅的关系，只需对前述不同动应力幅值作用下某一周内的动应力与动应变对应作图，绘出滞回圈，即可得出 D-ε_d 关系。当有 X-Y 函数记录仪时，不同时刻的动应力-动应变滞回

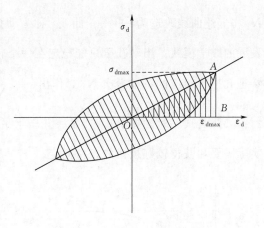

图 10-6 动应力-动应变滞回圈

圈可以直接绘出，计算更加方便。由于这种计算方法基于材料的黏弹性假定，当有残余变形累积发展时，滞回圈常不闭合，且常不对称于应变轴（横轴），或不近似于椭圆形态。当固结应力比变化时，不同应变幅下的滞回圈可能出现非常复杂的形态，均与式（10-7）的条件有明显出入。此时，应做专门研究。

应该注意到，上述等效线性黏弹性模型（包括其他类似的模型）是一种总应力的简化模型。当需建立有效应力的动应力-动应变关系（尤其是采用有效应力分析方法的情况下）时，试验中应不使孔压有很大的上升；或试验直接在排水条件下进行，忽视振动排水时密度的少许变化；或在不排水条件下同时测定上升的动孔压，求出不同动孔压水平下动应力-动应变的骨干曲线和滞回曲线，如图 10-8 所示，寻求动模量和阻尼比随动孔压和动应变幅变化的关系（此时仍保持土的密度不发生变化）。

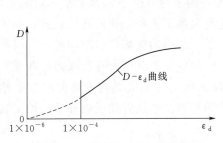

图 10-7 阻尼比-动应变曲线

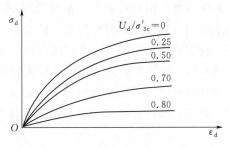

图 10-8 不同孔压水平下的动应力-动应变关系骨干曲线

二、土的动孔隙水压力

土中动孔隙水压力的发展反映了动荷下土结构遭到破坏程度的大小。在动三轴试验中，它的最大值可以等于侧向固结压力 σ'_{3c}。此时动孔压比 $U_d/\sigma_{3c}=1$，土达到初始液化状态。如动应力较小，或固结主应力比较大，则动孔压的发展可能达不到 σ'_{3c}，最终只能稳定在一个较小的孔压水平上，即 $U_d/\sigma'_{3c}<1$。一般，动孔压的发展常按动荷作用的过程示出，即作出 U_d/σ'_{3c}-N 曲线，如图 10-9 所示。当出现 $U_d/\sigma'_{3c}=1$ 时，可由其对应的振次

N_f 将上述曲线改造为 $\dfrac{U_d}{\sigma'_{3c}} - \dfrac{N}{N_f}$ 曲线，称为动孔压比-振次比曲线（图 10-10），寻求动孔压发展的数学模式。当动孔压只能稳定在一个较小的孔压水平上时，亦可用稳定孔压或别的特征孔压所对应的特征振次 N_f，作出 $\dfrac{U_d}{\sigma'_{3c}} - \dfrac{N}{N_f}$ 曲线。特征振次可为某种破坏振次（如 $\varepsilon_d =$ 2%，5%，10%时的振次），或某一孔压水平（如 $\dfrac{U_d}{\sigma'_{3c}} = 0.50$ 和 $U_d = U_{cr}$ 等）的振次，视其实际需要和获得较好规律的条件而定。

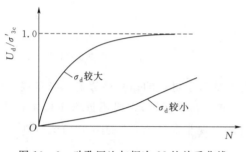

图 10-9 动孔压比与振次 N 的关系曲线

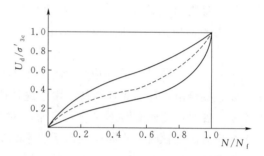

图 10-10 动孔压比与振次比的关系曲线

在动孔隙水压力的试验研究中，上述将动孔压比与振次比联系起来建立孔压模式是一种常用的方法。但是，由于孔压的发展反映了动荷作用使土结构破坏所引起的塑性变形，因此，孔压模式的建立也常和体积应变、能量的耗散、应变路径长度或其他与它们有关的某种参量相联系。此时，同样可以得到较好的规律性，供实际计算应用。因为孔压的发展与土性条件、起始应力状态、动载荷的大小、应力路径、应力历史和持续时间以及排水条件等一系列因素有密切的关系，很难找到一个统一的表达式。通常都是在一定的条件下，寻求几个因素与孔压发展间实用的经验关系，从而出现了多种多样的孔压模式。如果需要研究各个瞬态对应的动孔压及其发展规律，则除了土结构的破坏所引起的孔压（可称为结构孔压或塑性孔压）外，尚需考虑动应力变化所引起的孔压（应力孔压或弹性孔压）以及它们在动荷过程中不同的变化特性，这就必须揭示出土在不同结构破坏阶段发生增荷剪缩、增荷剪胀、卸荷回弹和反向剪缩等不同变化的规律。在这方面国内外已经做了基础性的研究。

三、土的动抗剪强度与液化

土的动抗剪强度与液化研究主要围绕动荷作用时土抵抗剪切失稳的能力。土抵抗液化出现的能力称为抗液化强度。土发生初始液化破坏的标准是孔压比等于1。通常都是按此条件确定不同振次下使土发生液化所需的动剪应力 τ_d，作出土的抗液化强度曲线（$\tau_d - N_1$ 曲线）。如果土不会发生液化，则在研究土的动强度时，需要选定其他的失稳标准，如应变标准（取应变2%、5%、10%等）、屈服标准（取某一 σ_d 的 $\varepsilon_d - N$ 曲线急速增大的转折点）和孔压标准（取 U_d 等于极限平衡条件时的孔压值等）。应该指出，这种失稳标准的不同使得土的动强度变成一个随人为规定而异、非确定的特性指标。动强度必须同时带有其相应的失稳标准作为条件，这显然是不够合理的。动强度仍应以土在动荷作用下能承受和不能承受的应力界限来确定，它应是土的力学属性。但由于动荷作用下土的应力可以多次、瞬时地达到强度包线，而破坏只有在残余应变累积到足以视为破坏的数值时才能出现。因此，对动强度和动破坏应明确地予以区别。动强度按强度包线确定，动破坏按累积应变量确定，以免在概念上造成混乱。

目前，除少数研究外，动强度仍被视为满足给定失稳标准时对应作用于土上的动剪应力。它除随振次多少而变化外，尚与固结应力比 $K_c\left[K_c = \sigma'_{1c}/\sigma'_{3c}\text{，此时的剪应力 }\tau_0 = \frac{1}{2}(\sigma'_{1c} - \sigma'_{3c})\right]$ 有关。此动剪应力的值通常由动三轴试验的试样在 45°面上的动剪应力定出，等于作用轴向动应力 σ_d 的一半，即 $\tau_d = \frac{1}{2}\sigma_d\left(\text{偏压固结时，45°面上的总剪应力为 }\tau_0 \pm \frac{1}{2}\sigma_d\right)$。通常在一定固结比 K_c、不同失稳标准条件下土的强度特性曲线为 $\frac{\sigma_d}{2\sigma'_{3c}} - \lg N_f$ 曲线，如图 10-11 所示。

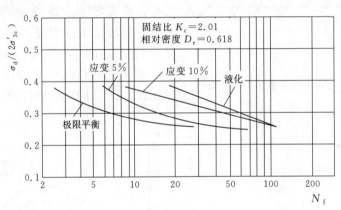

图 10-11　不同失稳标准条件下的动应力比与振次的关系

此外，动强度较常用的表示方法还有以破坏面（$45° + \varphi_d/2$ 面）上起始剪应力比 τ_{fc}/σ'_{fc} 为参数的增量动剪应力 $\Delta\tau_{fd}$ 与固结正应力 σ'_{fc} 的关系曲线（图 10-12，可称为增量强度线）或以 τ_{fc}/σ'_{fc} 为参数的总量剪应力 τ_{fd}（静动剪应力之和，即 $\tau_{fd} = \tau_{fc} + \Delta\tau_{fd}$）与固结正应力 σ'_{fc} 的关系曲线（图 10-13，可称为总量强度线）。破坏面上各种应力的关系如图 10-14 所示。另一种表示方法是将最大强度发挥面（静力莫尔圆过原点的切线所确定的面）上的应力按如上两种方法作出增量强度线和总量强度线的关系曲线。这类表示方法与静抗剪强度曲线的形态相类似，接近于一般的习惯。

最后，还有直接按试验所得的 $\frac{\sigma_d}{2\sigma'_{3c}} - N_f$ 曲线作出动荷载下的几个莫尔圆及其公切线，以得出的总强度指标即动内摩擦角 φ_d 来表示的方法，如图 10-15 所示。如同时考虑 $\frac{U_d}{\sigma'_{3c}} - N_f$ 曲线，亦可作出动有效内摩擦角 φ'_d，见图 10-16。

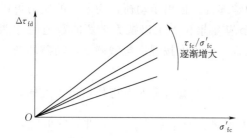

图 10-12 增量动剪应力 $\Delta\tau_{fd}$ 与
固结正应力 σ'_{fc} 的关系曲线

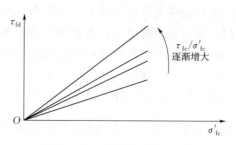

图 10-13 总量剪应力 τ_{fd} 和
固结正应力 σ'_{fc} 的关系曲线

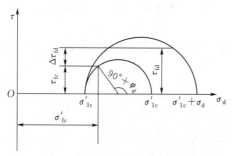

图 10-14 破坏面上各种应力的关系

校正）。最大倾斜角 θ'_{md} 为

十分明显，所有这些方法均源于同样的试验资料，仅在整理方法上有所差别。实用中采用何种表示方法，按计算理论及计算的方便程度来确定，使指标与理论基础相适应。

如果考察动三轴试验记录到的动应力、动应变和动孔压过程线，则各峰值动应力点的有效应力为 $\sigma'_{1d}=\sigma'_{1c}\pm\sigma_d-u_d$ 和 $\sigma'_{3d}=\sigma'_{3c}-u_d$（$\sigma'_{3c}$ 和 σ'_{3d} 的计算中应考虑试样变形时的实际截面积，σ_d 的计算应对仪器系统的阻尼力进行

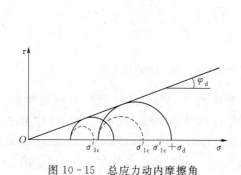

图 10-15 总应力动内摩擦角

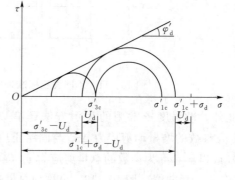

图 10-16 动有效内摩擦角

$$\sin\theta'_{md}=\frac{\sigma'_{1d}-\sigma'_{3d}}{\sigma'_{1d}+\sigma'_{3d}} \tag{10-8}$$

由此可对拉、压两个半周分别作出 $\theta'_{md}-N$ 的关系曲线，见图 10-17。由这类关系曲线最终趋于水平时的 θ'_{md} 可确定出土的动有效内摩擦角 φ'_d。由这类曲线由陡到缓的转折点的位置，可确定试样由剪缩到剪胀的相转换角 φ'_0。为了更好地确定这两个特征点，可同时作出 ε_d-N 曲线和 U_d-N 曲线。由于后两种曲线在上述特征点出现时也有相应的明显变化，对应的分析将有助 $\theta'_{md}-N$ 曲线上特征点准确位置的判断。一般情况下，由于动黏阻力的影响，$\theta'_{md}-N$ 曲线往往最终仍继续出现缓慢上升的趋势（非水平线）。在将动黏阻力

部分（等于动黏阻系数 η 与动剪应变速率 $\dot{\gamma}$ 的乘积，动黏阻系数 η 值可由试验确定）分离出来后，如上得到的动有效内摩擦角将是一个稳定的土性指标。它在拉半周时的值略小于压半周的值，但二者比较接近，且约等于土的静有效内摩擦角 φ'_s。这种结果符合有效应力原理做出的预估。

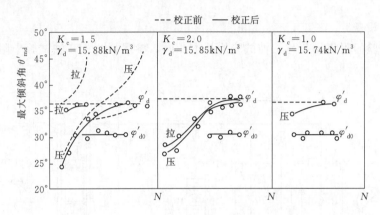

图 10-17　最大倾斜角 θ'_{md} 与振次 N 的关系

第三节　试　验　仪　器

动三轴试验的主要设备为振动三轴仪，包括成样、激振和量测三大设备系统。成样系统的作用在于形成一个满足动力试验对含水率、密度、应力状态、成型形状和尺寸等的要求并具有代表性的试样。激振系统的作用是对试样施加一定幅值、频率和持续时间（波型为近似正弦波）的动应力。量测系统的作用是对试样在动荷载作用下动应力、动应变和动孔压的发展过程做出量测记录，并对数据进行后处理。目前，由于以上三大系统具有不同的型式和不同的组合，成套动三轴仪的种类很多。一般因成样系统和量测系统比较定型，故不同的动三轴仪主要在于激振方式上的差别，它可以分为惯性力式、电磁式、电液伺服式及气动式等。原则上，只要这些激振方式对动应力有仔细的标定，都可以用于动三轴试验。作为代表性的仪器，本节主要选用液压伺服单向激振式振动三轴仪为介绍对象。

一、振动三轴仪

图 10-18 为液压伺服单向激振式振动三轴仪示意图。振动三轴仪一般分以下几个部分：

（1）主机：包括压力室和激振器等。

（2）静力控制系统：用于施加周围压力、轴向压力、反压力，包括储气罐、调压阀、放气阀、压力表和管路等。

（3）动力控制系统：用于轴向激振，施加轴向动应力，包括液压油源、伺服控制器、伺服阀、轴向作动器等。要求激振波形良好，拉压两半周幅值和持时基本相等，相差应小于 10%。

（4）量测系统：由用于量测轴向载荷、轴向位移及孔隙水压力的传感器等组成。

（5）计算机控制、数据采集和处理系统：包括计算机，绘图和打印设备，计算机控制、数据采集和处理程序等。

（6）整个设备系统各部分均应有良好的频率响应、稳定的性能，误差不应超过允许范围。

二、附属设备

动三轴试验的附属设备与三轴试验的基本相同，参照第七章三轴试验中附属设备相关介绍。

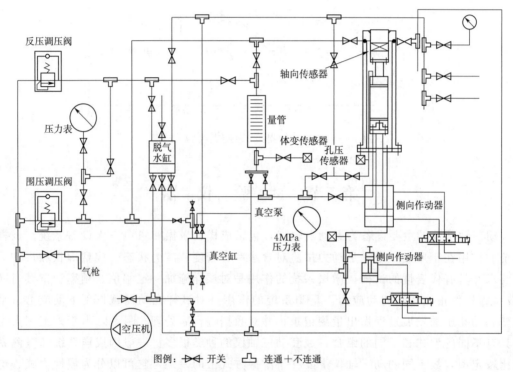

图例：▷◁ 开关　　┴┬ 连通＋不连通

图 10-18　液压伺服单向激振式振动三轴仪示意图

第四节　试　验　步　骤

动三轴试验的步骤包括试样制备与饱和，试样安装，试样固结，施加动应力和测记数据等环节。在正式试验之前，必须拟定好试验的方案，并调试、标定好仪器设备，使它们均处于正常工作状态。

一、试样制备与饱和

试样的制备与饱和的基本方法与静三轴试验相同，可参照第七章静三轴试验相关步骤进行。对于填土，宜模拟现场状态用干密度控制；对于天然地基，宜用原状试样。

二、试样安装

试样安装过程参照静三轴试验安装过程进行。

三、试样固结

如果试样需要施加反压进行饱和，则在固结前，先按静三轴试验中施加反压力的方法进行饱和；如不需要，则按以下步骤进行固结。

固结基本方法类似静三轴试验相关步骤，等向固结时应先对试样施加 20kPa 的侧压力，然后逐级施加各向相等的围压并稳定在预定压力；对于不等向固结试验，先施加等向固结压力，待变形稳定后，逐级增加轴向压力增量，直到预定的轴向压力，加压时勿使试样产生过大的变形，以防土体破坏；施加压力后打开排水阀或体变管阀和反压力阀，使试样排水固结。

固结稳定标准如下：对于黏土和粉土试样，1h 内固结排水量变化不大于 $0.1cm^3$；对于砂土试样，等向固结时，关闭排水阀后 5min 内孔隙压力不上升，不等向固结时，5min 内轴向变形不大于 0.005mm。

固结完成后关排水阀，并计算振前干密度。

四、施加动应力

一般在不排水条件下进行振动试验。加振前，将动应力、动应变和动孔压传感器的读数归 0。

1. 动强度（抗液化强度）试验

该试验为固结不排水振动三轴试验，属于破坏性试验，试验中测定应力、应变和孔隙水压力的变化过程，根据一定的试样破坏标准，确定动强度（抗液化强度）。破坏标准可取应变等于 5% 或孔隙水压力等于周围压力，也可根据具体工程情况选取。具体步骤如下：

（1）试样固结好后，在计算机控制界面中设定试验方案，包括动荷载大小、振动频率、振动波形、振动次数等。动强度试验宜采用正弦波激振，宜根据实际工程动荷载条件确定振动频率，无特殊要求时可采用 1.0Hz。

（2）关闭排水阀，并检查管路各个开关的状态，确认活塞轴上、下锁定处于解除状态。当所有工作检查完毕，并确定无误后，点击计算机控制界面的开始按钮，试验开始。

（3）当试样达到破坏标准后，再振 5～10 周停止振动。试验结束后卸掉压力，关闭压力源。

（4）描述试样破坏形状，拆除试样，必要时测定试样振后干密度。

（5）同一密度的试样，可选择 1～3 个固结比。在同一固结比下，可选择 1～3 个不同的周围压力。每一周围压力下用 4～6 个试样。可分别选择 10 周、20～30 周和 100 周等不同的振动破坏周次。

（6）整个试验过程中的动荷载、动变形、动孔隙水压力及围压由计算机自动采集和处理。

2. 动力变形特性试验

在动力变形特性试验中，根据振动试验过程中的轴向应力和轴向动应变的变化过程和应力-应变滞回圈，计算动弹性模量和阻尼比。动力变形特性试验一般采用正弦波激振，振动频率可根据工程需要选择确定。具体步骤如下：

（1）试样固结好后，在计算机控制界面中设定试验方案，包括振动次数、振动动荷载大小、振动频率和振动波形等。

（2）关闭排水阀，检查管路各个开关的状态，确认活塞轴上、下锁定处于解除状态。当所有工作检查完毕，并确定无误后，点击计算机控制界面的开始按钮，分级进行试验。试验过程中由计算机自动采集轴向动应力、轴向变形及孔隙水压力等的变化过程。

（3）试验结束后，卸掉压力，关闭压力源，拆除试样。在需要时测定试样振后干密度。

（4）在进行动弹性模量和阻尼比随应变幅的变化的试验时，一般每个试样只能进行一个动应力试验。当采用多级加荷试验时，同一干密度的试样，在同一固结应力比下，可选1～5个不同的侧压力试验，每一侧压力用3～5个试样，每个试样采用4～5级动应力，宜采用逐级施加动应力幅的方法，后一级的动应力幅值可控制为前一级的2倍左右，每级的振动次数不宜大于10次。

（5）试验过程的试验数据由计算机自动采集、处理，并根据所采集的应力、应变，画出应力-应变滞回圈，整理出动弹性模量和阻尼比随应变幅的关系。

3. 动力残余变形特性试验

动力残余变形特性试验为饱和固结排水振动试验。根据振动试验过程中的排水量计算其残余体积应变的变化过程，根据振动试验过程中的轴向变形量计算其残余轴应变及残余剪应变的变化过程。具体步骤如下：

（1）动力残余变形特性试验一般采用正弦波激振，振动频率可根据工程需要选择确定。试样固结好后，在计算机控制界面中设定试验方案，包括动荷载、振动频率、振动次数、振动波形等。

（2）保持排水阀开启，并检查管路各个开关的状态，确认活塞轴上、下锁定处于解除状态。当所有工作检查完毕，并确定无误后，点击计算机控制界面的开始按钮，试验开始。

（3）试验结束后，卸掉压力，关闭压力源，拆除试样。在需要时测定试样振后干密度。

（4）同一密度的试样，可选择1～3个固结比。在同一固结比下，可选择1～3个不同的周围压力。每一周围压力下用3～5个试样。

（5）整个试验过程中的动荷载、固结应力、残余体积变形和残余轴向变形由计算机自动采集和处理。根据所采集的应力应变（包括体应变）时程记录，整理需要的残余剪应变和残余体应变模型参数。

第五节　数　据　处　理

一、静、动应力指标计算

（1）固结应力比

$$K_c = \frac{\sigma'_{1c}}{\sigma'_{3c}} = \frac{\sigma_{1c} - u_0}{\sigma_{3c} - u_0} \qquad (10-9)$$

式中　K_c——固结应力比；

　　　σ'_{1c}——有效轴向固结应力，kPa；

σ'_{3c}——有效侧向固结应力，kPa；

σ_{1c}——轴向固结应力，kPa；

σ_{3c}——侧向固结应力，kPa；

u_0——初始孔隙水压力，kPa。

（2）轴向动应力

$$\sigma_d = \frac{W_d}{A_c} \times 10 \qquad (10-10)$$

式中 σ_d——轴向动应力，kPa；

W_d——轴向动荷载，N；

A_c——试样固结后截面积，cm^2。

（3）轴向动应变

$$\varepsilon_d = \frac{\Delta h_d}{h_c} \times 100 \qquad (10-11)$$

式中 ε_d——轴向动应变，%；

Δh_d——轴向动变形，mm；

h_c——固结后试样高度，mm。

（4）体积应变

$$\varepsilon_v = \frac{\Delta V}{V_c} \times 100 \qquad (10-12)$$

式中 ε_v——体积应变，%；

Δv——试样体积变化，即固结排水量，cm^3；

V_c——试样固结后体积，cm^3。

二、动强度（抗液化强度）计算

（1）破坏振次时试样 45°面上的破坏动剪应力比 τ_d/σ'_0 为

$$\frac{\tau_d}{\sigma'_0} = \frac{\sigma_d}{2\sigma'_0} \qquad (10-13)$$

$$\tau_d = \frac{\sigma_d}{2} \qquad (10-14)$$

$$\sigma'_0 = \frac{\sigma'_{1c} + \sigma'_{3c}}{2} \qquad (10-15)$$

式中 τ_d/σ'_0——试样 45°面上的破坏动剪应力比；

σ_d——试样轴向动应力，kPa；

τ_d——试样 45°面上的动剪应力，kPa；

σ'_0——试样 45°面上的有效法向固结应力，kPa；

σ'_{1c}——有效轴向固结应力，kPa；

σ'_{3c}——有效侧向固结应力，kPa。

（2）以振次 N 对数值为横坐标，以动应力 σ_d 为纵坐标，绘制如图 10-19 所示的不同围压力下的动应力 σ_d 和振次 N 关系曲线。

（3）以破坏振次 N_f 对数值为横坐标，以动孔隙水压力 u_d 为纵坐标，绘制动孔隙水压力 u_d 与破坏振次 N_f 对数值关系曲线。图 10-20 中，纵坐标为动孔隙水压力 u_d 与 σ'_0 之比，是归一化表示方法。当有多条不同围压下得到的孔压-振次关系曲线时，可以用此归一化方法，分析围压对孔压的影响。

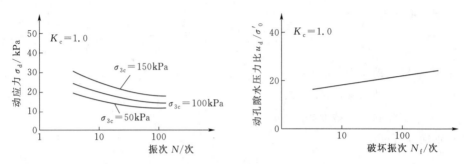

图 10-19 动应力和振次的关系曲线   图 10-20 动孔隙水压力比与破坏振次的关系曲线

（4）相关数据记录表见表 10-1、表 10-2。

表 10-1   **振动三轴动强度（抗液化强度）试验记录表（一）**

任务单号		试验者	
试样编号		计算者	
试验日期		校核者	
仪器名称及编号			

固结前	固结后	固结条件	试验条件和破坏准则
试样直径 d/mm	试样直径 d_c/mm	固结应力比 K_c	动荷载 W_d/kN
试样高度 h/mm	试样高度 h_c/mm	轴向固结应力 σ_{1c}/kPa	振动频率/Hz
试样面积 A/cm²	试样面积 A_c/cm²	侧向固结应力 σ_{3c}/kPa	等压时孔压破坏准则/kPa
体积量管读数 V_1/cm³	体积量管读数 V_2/cm³	固结排水量 ΔV/mL	等压时应变破坏准则/%
试样体积 V/cm³	试样体积 V_c/cm³	固结变形量 Δh/mm	偏压时应变破坏准则/%
试样干密度 ρ_d/(g/cm³)	试样干密度 ρ_d/(g/cm³)	振后排水量/mL	振后高度/mm
试样破坏情况描述			
备注			

表 10-2   **振动三轴动强度（抗液化强度）试验记录表（二）**

任务单号		试验者	
试样编号		计算者	
试验日期		校核者	
仪器名称及编号			

振次/次	动变形 Δh_d/mm	动应变 ε_d/%	动孔隙水压力 u_d/kPa	动孔压比 u_d/σ'_0

三、动弹性模量和阻尼比计算

（1）动弹性模量

$$E_d = \frac{\sigma_d}{\varepsilon_d} \times 100 \tag{10-16}$$

式中　E_d——动弹性模量，kPa；

　　　　σ_d——轴向动应力，kPa；

　　　　ε_d——轴向动应变，%。

（2）阻尼比 D 可按式（10-7）进行计算。

（3）动弹性模量和动剪切模量及动轴向应变幅和动剪应变幅之间，可按前述试验原理中动模量部分的公式进行换算。

（4）绘制 ε_d/σ_d（即 $1/E_d$）与动应变 ε_d 的关系曲线（图 10-21），将曲线切线在纵轴上的截距的倒数作为最大动弹性模量。有条件

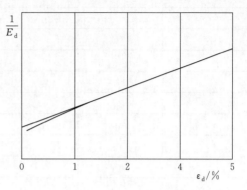

图 10-21　最大动弹性模量的确定示意图

时，可将在微小应变（$\varepsilon_d \leqslant 1 \times 10^{-5}$）时测得的动弹性模量作为最大动弹性模量。

（5）相关数据记录表见表 10-3、表 10-4。

表 10-3　　　　　　　　振动三轴动力变形特性试验记录表（一）

任务单号		试验者	
试样编号		计算者	
试验日期		校核者	
仪器名称及编号			

固　结　前		固　结　后		固结条件及振动试验条件	
试样直径 d/mm		试样直径 d_c/mm		固结应力比 K_c	
试样高度 h/mm		试样高度 h_c/mm		轴向固结应力 σ_{1c}/kPa	
试样面积 A/cm²		试样面积 A_c/cm²		侧向固结应力 σ_{3c}/kPa	
体积量管读数 V_1/cm³		体积量管读数 V_2/cm³		固结排水量 ΔV/mL	
试样体积 V/cm³		试样体积 V_c/cm³		固结变形量 Δh/mm	
试样干密度 ρ_d/(g/cm³)		试样干密度 ρ_d/(g/cm³)		振动频率 f/Hz	

加荷级数	1	2	3	4	5	6	7	8	9	10
每级动荷载										
备注										

表 10-4　　　　　　　　振动三轴动力变形特性试验记录表（二）

任务单号		试验者	
试样编号		计算者	
试验日期		校核者	
仪器名称及编号			

振次 /次	动应力 σ_d /kPa	动变形 Δh_d /mm	动应变 ε_d /%	动弹性模量 E_d /kPa	阻尼比 λ /%

四、残余变形计算

残余变形计算应根据所采用的计算模型和计算方法要求，对每个试样试验可分别整理残余体积应变、残余轴向应变与振次关系曲线。

相关数据记录表见表 10-5、表 10-6。

表 10 - 5　　　　　　　　　振动三轴残余变形特性试验记录表（一）

任务单号		试验者	
试样编号		计算者	
试验日期		校核者	
仪器名称及编号			

固　结　前	固　结　后	固结条件	试验及破坏条件
试样直径 d/mm	试样直径 d_c/mm	固结应力比 K_c	动荷载/kN
试样高度 h/mm	试样高度 h_c/mm	轴向固结应力 σ_{1c}/kPa	振动频率 f/Hz
试样面积 A/cm²	试样面积 A_c/cm²	侧向固结应力 σ_{3c}/kPa	振次/次
体积量管读数 V_1/cm³	体积量管读数 V_2/cm³	固结排水量 ΔV/mL	振后排水量/mL
试样体积 V/cm³	试样体积 V_c/cm³	固结变形量 Δh/mm	振后高度/mm
试样干密度 ρ_d/(g/cm³)	试样干密度 ρ_d/(g/cm³)		
试样破坏情况描述			
备注			

表 10 - 6　　　　　　　　　振动三轴残余变形特性试验记录表（二）

任务单号		试验者	
试样编号		计算者	
试验日期		校核者	
仪器名称及编号			

振次/次	动残余体积变化/cm²	动残余轴向变形/mm	残余体积应变 ε_{vr}/%	动残余轴向应变 ε_{dr}/%

第六节 成 果 应 用

一、模拟地震砂土液化

动三轴试验通过调整围压 σ_3 和轴压 σ_1 的大小来实现图 10-22 所示的地震应力状态。图 10-23 给出了动三轴试验模拟地震应力状态的原理。土样在 σ'_{3c} 下等向固结，然后在轴压 $\sigma'_{3c}+\sigma_d$、围压 $\sigma'_{3c}-\sigma_d$ 下剪切，这样土样 45°斜面上的正应力仍然为 σ'_{3c}，而剪应力为 σ_d；同理，如土样在轴压 $\sigma'_{3c}-\sigma_d$、围压 $\sigma'_{3c}+\sigma_d$ 下剪切，土样 45°的斜面上的正应力仍然为 σ'_{3c}，动剪应力为 σ_d，但方向发生了变化。因此，要实现 45°斜面上正应力为 σ_n、动剪应力幅值为 τ_{dp} 的振动剪切状态，只需要使土样在 $\sigma'_{3c}=\sigma_n$ 下等向固结后，轴压和围压同时施加频率相同、相位差 180°、幅值 σ_d 为 τ_{dp} 的循环荷载即可。由于这种试验需要在轴向和径向同时施加振动荷载，故称为双向振动三轴试验。

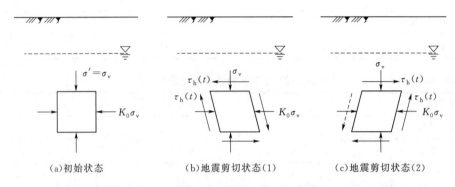

(a)初始状态   (b)地震剪切状态(1)   (c)地震剪切状态(2)

图 10-22 地震时砂层中某一单元体的应力状态

实际应用中通常采用单向（轴向）振动代替双向振动模拟地震荷载，仅轴向施加动荷载。土样在 σ'_{3c} 下等向固结，围压保持不变，轴压施加幅值为 $\pm\sigma_d$ 的动荷载 [图 10-24(a)]。在这种情况下，在 45°斜面上的正应力幅值为 $\sigma'_{3c}\pm\sigma_d/2$，动剪应力幅值为 $\pm\sigma_d/2$ [图 10-24(d)]。正应力变化与真实地震应力状态接近。如果在单向振动的基础上叠加一个如图 10-24（b）所示的幅值为 $\mp\sigma_d/2$ 的等向循环应力，得到的应力状态如图 10-24（c）所示。这个应力状态恰好能够模拟地震荷载，在 45°斜面上可以实现正应力为恒定的 σ'_{3c}，动剪应力幅值为 $\pm\sigma_d/2$。但是单向振动三轴试验并不会同时施加这样一个等向循环荷载，而是采用一个巧妙的处理办法，即将单向振动状态下得到的孔隙水压力在压半周和拉半周分别减小 $\sigma_d/2$ 或增加 $\sigma_d/2$ 来实现图 10-24（b）所示的效果。

因此，在进行单向振动三轴试验时，为了实现土样 45°斜面上正应力为恒定 σ_n、动剪应力幅值为 τ_d 的剪切状态，可使土样在 σ_n 下等向固结（即 $\sigma'_{3c}=\sigma_n$），然后轴向施加幅值为 $\sigma_d=2\tau_d$ 的动荷载。在整理单向振动三轴试验数据时，孔隙水压力数据需要进行相应的修正：压半周（轴向加 σ_d 时）实测孔隙水压力减小 $\sigma_d/2$，拉半周（轴向减 σ_d 时）实测孔隙水压力增加 $\sigma_d/2$。轴向应变不需要进行修正，因为叠加的等向循环应力并不影响不排水剪切过程中土样的应变（土的剪应变只和剪应力有关）。

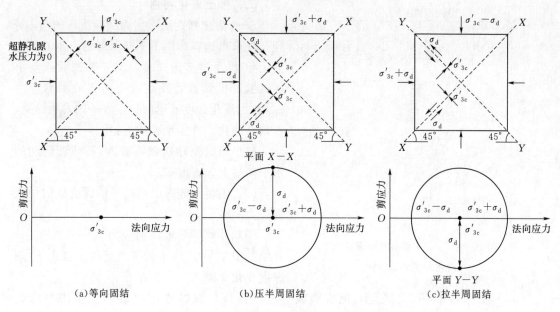

(a)等向固结　　　　　　(b)压半周固结　　　　　　(c)拉半周固结

图 10-23　双向振动三轴试验模拟地震荷载

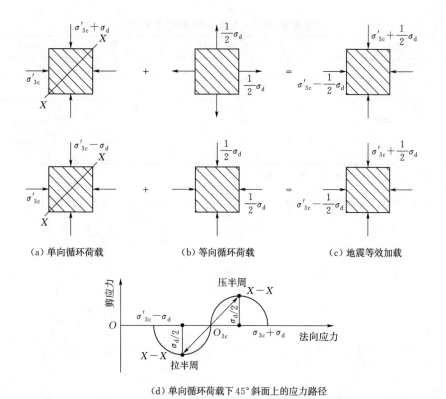

（a）单向循环荷载　　　　（b）等向循环荷载　　　　（c）地震等效加载

（d）单向循环荷载下45°斜面上的应力路径

图 10-24　单向振动三轴试验模拟地震荷载

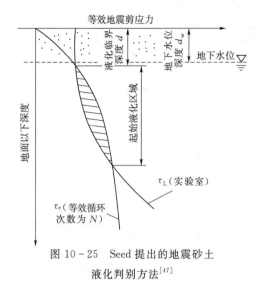

图 10 - 25　Seed 提出的地震砂土
液化判别方法[47]

二、砂土液化判别

Seed 简化判别法（室内试验法）的基本原理是先求出地震作用下不同深度的土体的剪应力 τ_e，再通过室内试验（动三轴试验或动单剪试验）得到该处发生液化需要的动剪应力 τ_L（称为液化强度），如果 $\tau_e \geqslant \tau_L$ 则发生液化，否则不液化。具体步骤如下：

（1）确定设计地震震级 M 及地面运动的水平向最大加速度 a_{hmax}。

（2）确定由地震引起的不同深度处的最大剪应力 τ_{hmax}。

（3）计算等效地震剪应力 $\tau_e = 0.65\tau_{hmax}$，并绘制图 10 - 25 所示的等效地震剪应力 τ_e 随深度变化曲线。

（4）根据表 10 - 7，确定与地震震级对应的循环荷载的作用次数 N。采用室内试验，确定不同深度处土体在 N 次循环荷载作用下的液化强度 τ_L，绘制 τ_L 与深度的关系曲线。

表 10 - 7　　　　　　　　　等效循环次数 N 与震级 M 的对应关系[47]

地震震级 M	等效循环次数 N	持续时间 t/s
5.5～6.0	5	8
6.5	8	14
7.0	12 (10)①	20
7.5	20	40
8.0	30	60

① 有的文献中此处为 12，有的此处为 10，不统一。

（5）根据绘制的两条曲线判断液化区域，$\tau_e \geqslant \tau_L$ 的区域即为液化区域。

第十一章 共振柱试验

第一节 概　　述

　　共振柱试验用于测试土在小应变范围的动力变形特性，根据在圆柱状试样中弹性波传播的理论测定土的动弹性模量、动剪切模量和阻尼比等参数。土体动力参数是表征土动力学特性的重要指标，在黏弹性模型中，它包括土的动弹性模量、动剪切模量和阻尼比等参数。在岩土工程动力计算中，参数的合理性对岩土工程设计与安全性评价等有重要的影响。因此，用合适的试验方法获得合理的土体动力参数用于岩土工程计算、设计和安全评价十分重要。

　　共振柱试验具有原理简单、操作方便、边界条件清晰、结果离散小等优点，已成为小应变范围内测定土的动弹性模量、动剪切模量和阻尼比等参数的常用仪器。共振柱最核心部件为与试样相连的激振器，使试样发生振动，调节激振频率的大小，直至试样发生共振。由共振频率、试样尺寸和两端的约束条件等确定弹性波在试样中的传播速度，计算试样的弹性模量或剪切模量。试样的弹性模量通过试样的压缩波测定，剪切模量通过试样的剪切波测定。阻尼比的测定是在试样发生共振时停止激振力作用，使试样自由振动，记录振动的衰减曲线，计算对数衰减率和阻尼比。另一种方法是用稳态强迫振动，在共振曲线中确定阻尼比。

第二节 试　验　原　理

　　常见的共振柱按试样两端的约束条件区分，有一端固定、一端自由和一端固定、一端有约束两种类型，如图 11-1 (a)、(b) 所示。

　　因为不同类型共振柱试样的受力条件不同，测试结果、计算分析方法也不同，本章以扭转激振的共振柱为例，说明两种常用型式共振柱的试验原理。

一、一端固定、一端自由的共振柱试验

　　图 11-2 (a) 所示弹性圆柱试样发生扭转振动的波动方程为

$$\frac{\partial^2 \theta}{\partial t^2} = \frac{G}{\rho} \frac{\partial^2 \theta}{\partial x^2} \qquad (11-1)$$

式中　G——试样的剪切模量；

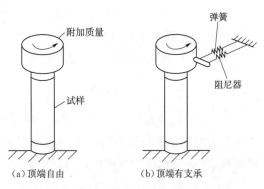

图 11-1　不同类型共振柱简图

ρ —— 试样的质量密度；

θ —— 试样的扭转角；

t —— 时间；

x —— 距试样下端的距离。

设试样高为 H，下端固定，上端自由，激振扭矩及附加质量都施加在试样上端。试样的质量惯性矩为 I_θ，试样顶上附加质量的质量惯性矩为 I_t，则其扭转惯性力矩为 $I_t\dfrac{\partial^2\theta}{\partial t^2}$。圆柱试样抵抗扭转的力矩 M_θ 可推导如下。沿试样高度取一厚度为 Δx、径向长度为 Δr 和环向长度为 $r\mathrm{d}\theta$ 的六面体单元，如图 11-2（b）所示。当圆周方向的剪应力为 τ 时产生的剪应变为

$$\gamma=\frac{\partial(r\theta)}{\partial x} \tag{11-2}$$

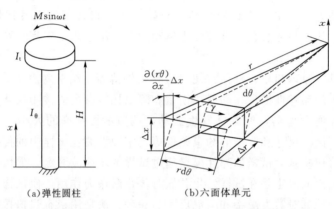

（a）弹性圆柱　　　　（b）六面体单元

图 11-2　一端固定、一端自由的共振柱

弹性体试样剪应力可表示为

$$\tau=Gr\frac{\partial\theta}{\partial x} \tag{11-3}$$

将 τ 对圆柱轴线的扭矩沿整个截面积积分得到试样的抵抗扭转的力矩：

$$M_\theta=\int_0^a\tau\times2\pi r^2\mathrm{d}r=GJ_\theta\frac{\partial\theta}{\partial x} \tag{11-4}$$

式中　a —— 圆柱试样的半径；

J_θ —— 圆截面对圆心的极惯性矩。

$$J_\theta=2\pi\int_0^a r^3\mathrm{d}r=\frac{\pi}{2}a^4 \tag{11-5}$$

J_θ 与 I_θ 的关系为 $J_\theta=I_\theta/H\rho$，H 为圆柱高度。根据动力平衡条件，试样顶端的扭转惯性力矩与试样抵抗扭转的力矩之和应等于外加的激振扭矩 $M\sin\omega t$。M 是稳态激振的扭矩幅值，ω 是激振的圆频率，可以得到

$$x=H,\quad I_t\frac{\partial^2\theta}{\partial t^2}+\frac{\pi}{2}a^4G\frac{\partial\theta}{\partial x}=M\sin\omega t \tag{11-6}$$

试样下端固定，所以

$$x = 0, \quad \theta = 0 \tag{11-7}$$

按式（11-6）和式（11-7）的边界条件求解式（11-1），得到在振动时试样顶端的扭转角 θ_t 对静力矩扭转角 θ_s 的放大倍数：

$$\frac{\theta_t}{\theta_s} = \frac{\dfrac{v_S}{\omega H} \sin \dfrac{\omega H}{v_S}}{\cos \dfrac{\omega H}{v_S} - \dfrac{I_t}{I_\theta} \dfrac{\omega H}{v_S} \sin \dfrac{\omega H}{v_S}} \tag{11-8}$$

式中　　v_S —— 剪切波波速；

θ_s —— 静力扭矩 M 施加于圆柱试样顶端时的扭转角。

$$\theta_s = \frac{MH}{GJ_\theta} \tag{11-9}$$

由式（11-8）可见，若激振圆频率由低到高变化，则放大倍数随着激振频率的增大而增大，但达到共振以后则随着激振频率的增大而减小。圆柱发生共振时在无阻尼条件下放大倍数无限增大。因此，共振时的圆频率 ω_n 应满足式（11-10）。

$$\frac{\omega_n H}{v_S} \tan \frac{\omega_n H}{v_S} = \frac{I_\theta}{I_t} \tag{11-10}$$

若以 F 表示 $\dfrac{\omega_n H}{v_S}$，则式（11-10）改写为

$$F \tan F = \frac{I_\theta}{I_t} \tag{11-11}$$

由式（11-10）和式（11-11）可见，只要已知试样和其顶端附加质量的质量惯性矩的比值 $\dfrac{I_\theta}{I_t}$，就可以计算相应的 F 值。然后由共振柱试验测得共振频率 f_n，则共振时圆频率

$$\omega_n = 2\pi f_n \tag{11-12}$$

可以确定剪切波速 v_S。因为剪切模量与剪切波速有以下关系：

$$G = \rho v_S^2 \tag{11-13}$$

可以得到

$$G = \rho \left(\frac{2\pi f_n H}{F} \right)^2 \tag{11-14}$$

满足式（11-11）的解有无穷多个，$F \left(= \dfrac{\omega H}{v_S} \right)$ 与 $\dfrac{I_\theta}{I_t}$ 的关系曲线如图 11-3 所示。

共振柱用于测试样的阻尼比可用自由振动法，也可用稳态强迫振动法。

用自由振动法测阻尼比是在试样发生共振时，中断激振器电源停止激振，使试样发生自由振动。由于试样的阻尼作用，扭转振幅越来越小，最后停止振动，自由振动振幅的衰减曲线如图 11-4（a）所示。

为了确定试样的阻尼比，把土体作为黏弹性材料，用一个弹簧和一个阻尼器表示单自由度质点振动系统，如图 11-5 所示。该系统的自由振动方程为

$$m \frac{\partial^2 x}{\partial t^2} + c \frac{\partial x}{\partial t} + kx = 0 \qquad (11-15)$$

式中　m——质点的质量；

　　　c——系统阻尼系数；

　　　k——系统弹簧常数。

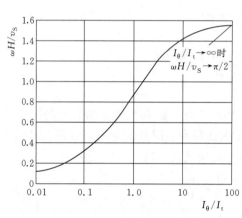

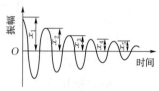

（a）衰减曲线

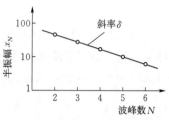

（b）振幅的对数与波峰数关系确定

图 11-3　$\dfrac{\omega H}{v_S}$ 与 $\dfrac{I_\theta}{I_t}$ 的关系曲线　　图 11-4　对数衰减率的确定

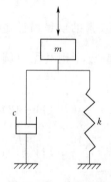

图 11-5　单自由度
质点振动系统

如果 $c/(2m)=\sqrt{k/m}$，称为临界阻尼系统，c_c 为临界阻尼系数，$c_c=2\sqrt{km}$。

当阻尼系数 $c>c_c$ 时，称为超阻尼系统，不发生任何振动；只有 $c<c_c$ 时才能发生振动。c 与 c_c 的比值定义为阻尼比，即

$$\lambda = \frac{c}{c_c} = \frac{c}{2\sqrt{km}} \qquad (11-16)$$

求解式（11-15）得到不同时刻 t 的振幅 x，设振动 t_N 和 t_{N+1} 时的两个相邻最大的振幅值为 x_N 和 x_{N+1}，则可得到

$$\frac{x_{N+1}}{x_N} = \exp\left[-\lambda \omega_n (t_{N+1}-t_N)\right] \qquad (11-17)$$

因为 $t_{N+1}-t_N$ 是振动周期 T，在有阻尼情况下有

$$T = \frac{2\pi}{\omega_n \sqrt{1-\lambda^2}} \qquad (11-18)$$

由式（11-17）和式（11-18）可以得到对数衰减率：

$$\delta = \ln \frac{x_N}{x_{N+1}} = \frac{2\pi\lambda}{\sqrt{1-\lambda^2}} \qquad (11-19)$$

由式（11-19）可以根据试验的对数衰减率计算阻尼比。因为土的阻尼比数值不大，根据式（11-19），阻尼比可近似表示为

$$D = \frac{1}{2\pi}\delta \qquad (11-20)$$

由图 11-4（b）可见，在自由振动时，振幅的对数与波峰数 N 为直线关系，直线的斜率即为对数衰减率 δ。试验时为了测量准确，常取停止激振后第 1 周的振幅 x_1 与第 $N+1$ 周的振幅 x_{N+1} 按式（11-21）计算对数衰减率。

$$\delta = \frac{1}{N}\ln\frac{x_1}{x_{N+1}} \qquad (11-21)$$

但是对于一端固定、一端自由的共振柱，用单自由度质点振动系统的对数衰减率表达式确定的试样对数衰减率需要修正。对于试样顶部有激振器和传感器的振动系统，设 m 为试样的质量，m_t 是试样顶部附加物的质量，未修正的阻尼比可由式（11-16）改写为

$$D' = \frac{c}{2\sqrt{k(m+m_t)}} \qquad (11-22)$$

由式（11-16）和式（11-22）得到

$$\frac{D}{D'} = \sqrt{\frac{m+m_t}{m}} = \sqrt{1+\frac{m_t}{m}} \qquad (11-23)$$

为了利用式（11-23），将试样质量换成等效的集中质量 $0.405m$，于是式（11-23）改为

$$D = D'\sqrt{1+\frac{m_t}{0.405m}} \qquad (11-24)$$

对于扭转振动的试样，也可用相同的修正值：

$$D = D'\sqrt{1+\frac{I_t}{0.405I_\theta}} \qquad (11-25)$$

稳态强迫振动法测定阻尼比是对试样顶端稳态激振，测试在不同激振频率时试样的振幅 x 与圆频率 ω 的关系曲线，如图 11-6 所示。

用弹簧和阻尼器表示的单自由度振动系统，在正弦函数变化的激振力 $P_0\sin\omega t$ 的作用下，该系统的强迫振动方程为

$$m\frac{\partial^2 x}{\partial t^2} + c\frac{\partial x}{\partial t} + kx = P_0\sin\omega t \qquad (11-26)$$

求解式（11-26）得到不同频率时的振幅 x，x 与在静力 P_0 作用下的位移 x_s 之比称为放大系数，计算如下：

$$\frac{x}{x_s} = \frac{1}{\sqrt{\left(1-\frac{\omega}{\omega_n}\right)^2 + 4D^2\frac{\omega^2}{\omega_n^2}}} \qquad (11-27)$$

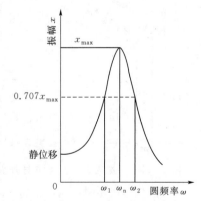

图 11-6 稳态振动振幅与频率关系曲线

当发生共振时，$\omega = \omega_n$，测得最大振幅 x_{max}，由式（11-27）可以得到

$$D = \frac{1}{2}\frac{x_s}{x_{max}} \qquad (11-28)$$

如果从图 11-6 共振曲线上对应振幅 $0.707x_{max}$ 得到两个频率 ω_1 和 ω_2，则由式（11-27）和式（11-28）可以得到

$$\frac{0.707}{2\lambda} = \frac{1}{\sqrt{\left(1-\frac{\omega}{\omega_n}\right)^2 + 4\lambda^2 \frac{\omega^2}{\omega_n^2}}} \qquad (11-29)$$

式（11-29）可以写为

$$\left(\frac{\omega}{\omega_n}\right)^4 - 2\left(\frac{\omega}{\omega_n}\right)^2(1-2\lambda^2) + (1-8\lambda^2) = 0 \qquad (11-30)$$

解式（11-30）得到

$$\left(\frac{\omega_1}{\omega_n}\right)^2 = (1-2\lambda^2) + 2\lambda\sqrt{1+\lambda^2}$$

以及

$$\left(\frac{\omega_2}{\omega_n}\right)^2 = (1-2\lambda^2) - 2\lambda\sqrt{1+\lambda^2} \qquad (11-31)$$

因为 λ 的数值较小，所以

$$\left(\frac{\omega_2}{\omega_n}\right)^2 - \left(\frac{\omega_1}{\omega_n}\right)^2 = 4\lambda\sqrt{1-\lambda^2} \approx 4\lambda \qquad (11-32)$$

因为 $\omega = 2\pi f$，所以

$$\left(\frac{\omega_2}{\omega_n}\right)^2 - \left(\frac{\omega_1}{\omega_n}\right)^2 = \frac{f_2^2 - f_1^2}{f_n^2} \qquad (11-33)$$

式中　f_1、f_2——振幅与频率关系曲线上最大振幅值的 70.7% 处对应的频率，Hz；

　　　　f_n——最大振幅值所对应的频率，Hz。

在小应变幅值情况下，共振曲线形状接近对称，所以

$$\frac{f_2 + f_1}{f_n} \approx 2 \qquad (11-34)$$

由式（11-32）～式（11-34）可以得到

$$\lambda = \frac{1}{2}\frac{f_2 - f_1}{f_n} \qquad (11-35)$$

二、一端固定、一端有约束的共振柱试验

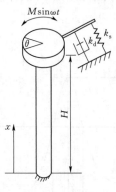

图 11-7　一端固定、一端有约束的共振柱

图 11-7 所示弹性圆柱顶端的附加质量有弹簧和阻尼器支承。在这种情况下，激振作用于附加质量上的扭矩，除了图 11-2（a）所示的激振扭矩、质量惯性矩和试样抵抗扭矩外，还有弹簧和阻尼器产生的力矩 $k_s\theta$ 和 $k_d\frac{\partial\theta}{\partial t}$，$k_s$ 为仪器弹簧常数，k_d 为仪器阻尼系数。根据动力平衡条件得到

$$I_t\frac{\partial^2\theta}{\partial t^2} + \frac{\pi}{2}a^4 G\frac{\partial\theta}{\partial x} + k_s\theta + k_d\frac{\partial\theta}{\partial t} = M\sin\omega t$$

$$x = H \qquad (11-36)$$

$$x = 0$$

$$\theta = 0$$

式中 a——圆柱试样的半径。

根据试验资料得知，仪器阻尼系数对确定剪切模量几乎没有影响。在这种情况下试样发生共振时的圆频率应满足式（11-37）：

$$\frac{\omega_n H}{v_s} \tan \frac{\omega_n H}{v_s} = \frac{I_\theta}{I_t - \dfrac{k_s}{(2\pi f)^2}} \qquad (11-37)$$

令 $F = \dfrac{\omega_n H}{v_s}$，式（11-37）改写为

$$F \tan F = \frac{I_\theta}{I_t - \dfrac{k_s}{(2\pi f)^2}} \qquad (11-38)$$

式中 k_s 不直接测定，可用无试样时仪器转动部分扭转的共振频率 f_0 表示：

$$k_s = (2\pi f_0)^2 I_t \qquad (11-39)$$

将式（11-39）代入式（11-38）得到

$$F \tan F = \frac{I_\theta}{I_t \left[1 - \left(\dfrac{f_0}{f_n}\right)^2\right]} \qquad (11-40)$$

F 的数值较小，可近似取

$$F \tan F \approx F^2 \qquad (11-41)$$

根据共振柱试验实测的共振频率 f_n，由式（11-40）计算出共振时 F，由式（11-14）计算试样的剪切模量：

$$G = \frac{4\pi^2 \rho H^2 I_t (f_n^2 - f_0^2)}{I_\theta} \qquad (11-42)$$

式中 I_t——仪器顶上附加物的质量惯性矩。

由于激振器、传感器等装置的形状不规则，常用金属的圆柱状标定杆代替试样进行稳态强迫振动试验，测得该系统的共振频率 f_n。由于标定杆的剪切模量 G 和质量惯性矩 I_θ 都已知，可以计算出式（11-38）中的 F：

$$F = \frac{2\pi f_n H}{\left(\dfrac{G}{\rho}\right)^{\frac{1}{2}}} \qquad (11-43)$$

将式（11-43）代入式（11-40）就可计算出 I_t。试样对其轴线的质量惯性矩则按式（11-44）计算：

$$I_\theta = \frac{\pi d^4}{32} H \rho \qquad (11-44)$$

式中 d——圆柱的直径。

试样顶端有弹簧和阻尼器支承的情况，测阻尼比也可用自由振动和稳态强迫振动两种方法，但要考虑支承部分阻尼的影响。

用自由振动法测阻尼比，当试样稳态激振达到共振频率时，设试样和仪器转动部分在最大振幅时所储存的能量分别为 W_s 和 W_0。切断激振器电源使试样和仪器的转动部分一

起发生自由衰减振动,设在振动一周中试样转动消耗的能量为 ΔW_s, 仪器转动消耗的能量为 ΔW_0,则该系统的对数衰减率可表示为

$$\delta = \frac{1}{2}\frac{\Delta W_s + \Delta W_0}{W_s + W_0} \tag{11-45}$$

设试样的对数衰减率为

$$\delta_s = \frac{\Delta W_s}{2W_s} \tag{11-46}$$

仪器转动部分的对数衰减率为

$$\delta_0 = \frac{\Delta W_0}{2W_0} \tag{11-47}$$

设仪器转动部分与试样的能量比为

$$S = \frac{W_0}{W_s} \tag{11-48}$$

将式 (11-46) ~式 (11-48) 代入式 (11-45) 得到

$$\delta = \frac{\delta_s + \delta_0 S}{1 + S}$$

试样的对数衰减率可表示为

$$\delta_s = \delta(1 + S) - \delta_0 S \tag{11-49}$$

式 (11-49) 中 δ 和 δ_0 都是试验实测的,δ 是试样和仪器转动部分一起自由振动测定的;δ_0 则是没有试样,只是仪器转动部分自由振动测定的。测得 δ 和 δ_0 以后,试样的阻尼比按式 (11-50) 计算:

$$D = \frac{\delta(1 + S) - S\delta_0}{2\pi} \tag{11-50}$$

式中,能量比 S 由式 (11-51) 计算:

$$S = \left(\frac{I_t}{I_\theta}\right)\left(\frac{f_0 F}{f_n}\right)^2 \tag{11-51}$$

用稳态振动试验测阻尼比,式 (11-28) 要改为

$$D = \frac{1}{2}\frac{A}{TR} \tag{11-52}$$

$$T = \frac{I_t}{I_\theta}\left(1 - \frac{f_0^2}{f_n^2}\right) \tag{11-53}$$

$$A = \frac{1}{4\pi^2 I_\theta f_n^2}\left[\frac{k_t c_R}{\theta_R} - 2\pi k_d f_n\right] \tag{11-54}$$

$$k_d = \frac{\delta_0}{\pi}\sqrt{k_s I_t} \tag{11-55}$$

式中 R ——与 T 有关的数值,从图 11-8 查出;

 k_t ——仪器的扭矩与电流关系常数;

c_R ——振动系统发生共振时通过激振器线圈的电流，A；

θ_R ——振动系统共振时试样的振幅；

k_d ——仪器转动部分的阻尼系数。

由于土的非线性变形特性，剪切模量与阻尼比都随着剪应变的变化而改变，所以在测试剪切模量与阻尼比时，必须确定相应的剪应变大小。若用实心圆柱试样，横截面上剪应变分布不均匀，圆周边缘处最大，圆心处等于 0，平均剪应变等于最大剪应变的 2/3，即试样的剪应变取为

$$\gamma = \frac{kd}{3H} \qquad (11-56)$$

式中 k —— 试样振动偏转的幅值。

为了准确确定试样的剪应变，研究剪应变对剪切模量和阻尼比的影响，采用空心圆筒状试样较好，在任一横截面上平均剪应变与最大剪应变或最小剪应变相差都不大，试样的剪应变取为

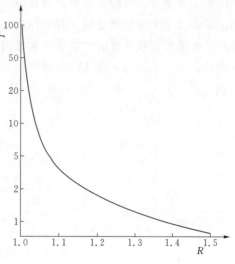

图 11-8 $R-T$ 的关系曲线

$$\gamma = \frac{k\bar{d}}{2H} \qquad (11-57)$$

式中 $\bar{d}$ ——空心圆筒试样内外缘直径的平均值。

第三节 试 验 仪 器

一、共振柱

早在 20 世纪 30 年代日本的石本和饭田就应用共振柱原理进行试验，一直到 60 年代共振柱才得到广泛的应用，发展为现代形式的共振柱，能进行轴向振动和扭转振动试验。至今已有多种形式的共振柱，常用的共振柱按试样的约束条件，可分为一端固定、一端自由及一端固定、一端用弹簧和阻尼器支承两类；按激振方式，可分为扭转振动和纵向振动两类。目前新式共振柱均采用计算机控制，可以按照选定程序进行试验，自动采集并处理试验数据。

试样一端固定、一端自由的共振柱是最简单的一种，在扭转振动时扭转角 θ 沿试样高度的变化是 1/4 的正弦波，如图 11-9（a）所示，图中 I_θ 为试样的质量惯性矩，I_t 为试样顶端附加质量的质量惯性矩。当顶端无附加质量时，$I_\theta/I_t = \infty$。实际上共振柱在自由端激振，试样顶端装激振器和量测传感器，都有附加质量。当 $I_\theta/I_t = 0.5$ 时，扭转角 θ 沿试样高度接近直线变化，如图 11-9（b）所示。现在这类共振柱由于改进了试样顶端质量的影响，可使扭转角沿高度直线变化，即应变均匀分布。

对于较坚硬的试样，如果试样的刚度大于底部支承弹簧的刚度，试样的两端都应作为

不固定，在扭转试验时上下两端都发生振动。这样，试样中部将有一个驻点，扭转角沿高度的分布为 1/2 正弦波。在试样顶端有附加质量时，扭转角 θ 的分布也接近为直线变化。

共振柱虽然种类繁多，但各种共振柱的基本原理和基本构造相差不大，主要由三部分构成：工作主机、激振系统和量测系统。工作主机包括压力室，静、动荷载施加装置，各类传感器及压力控制装置等，其中压力室如图 11 - 10 所示；激振系统基本与振动三轴仪相同，由低频信号发射器和功率放大器组成；量测系统包括静动态传感器、积分器、数字频率计、光线示波器、函数仪和各种压力仪器表等。

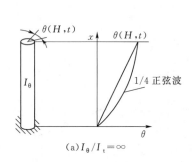 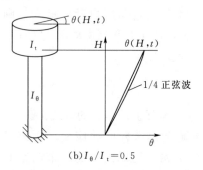

(a) $I_\theta / I_t = \infty$　　　　　　　(b) $I_\theta / I_t = 0.5$

图 11 - 9　扭转角沿试样高度的分布

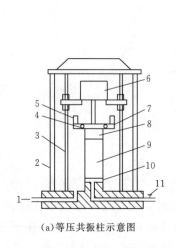 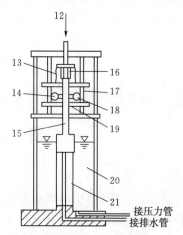

(a) 等压共振柱示意图　　　　(b) 轴向和侧向不等压共振柱示意图

图 11 - 10　共振柱仪主机示意图

1—接周围压力系统；2—压力室外罩；3—支架；4—加速度计；5—扭转激振器；6—轴向激振器；
7—驱动板；8—上压盖；9—试样；10—透水板；11—接排水管；12—轴向压力；13—弹簧；
14—激振器；15—旋转轴；16—压力传感器；17—导向杆；18—加速度计；19—上下
活动框架；20—水；21—试样

激振器、位移传感器、加速度传感器都放在压力室中，安装在水面以上可以上下移动、使之与试样接触但不能扭转的圆盘上。试样用橡皮膜包扎，安装在水面以下，周围压力和轴向压力都用压缩空气施加。轴向压力与周围压力可以不相等。如果激振器和传感器都安装在试样顶端，试样的顶端自由，轴向压力和周围压力相等，则只能在各向等压作用力下进行试验。

二、其他仪器设备

（1）天平：称量 200g，最小分度值 0.01g；称量 1000g，最小分度值 0.1g。

（2）橡皮膜：应具有弹性的乳胶膜，厚度以 0.1～0.2mm 为宜。

（3）透水石：直径与试样直径相等，其渗透系数宜大于试样的渗透系数，使用前在水中煮沸并泡于水中。

第四节　试　验　步　骤

共振柱的形式不同，试验操作的细节也有差别。本节介绍试验的主要步骤和方法。

一、试样制备

共振柱试验一般选用实心试样，但有些共振柱也可使用空心试样，土样应为饱和的细粒土或砂土。试样直径一般不超过 150mm，试样高度一般为直径的 2～2.5 倍，共振柱试验试样的制备与饱和土三轴压缩试验相似，故可参考三轴压缩试验试样的制备与饱和。对于扭转振动的共振柱，要使试样的上下两端牢固地与仪器底座和顶板连接，为此仪器底座和顶板上有若干片辐射状分布的刀片，以便压入试样的两端。压力室底座和试样上压盖板应具有辐射状的凸条。

共振柱试验适用于各种类型的土，既可用于原状土试验，也可用于扰动土试验，试样多选用实心样，但近些年国内外也出现了空心样的新型共振柱，例如德国威乐岩土仪器厂家生产的共振柱。试样直径除支持 38mm、50mm、70mm、100mm、150mm 等标准直径外，也支持各种自定义直径，灵活性较强，可适用于各种类型的工程及室内试验。

二、试样安装

（1）打开量管阀，使试样底座充水，当溢出的水不含气泡时，关量管阀，在底座透水板上放湿滤纸。

（2）将试样放在底座上，并压入凸条中，周围贴 7～9 条宽 6mm 的湿滤纸条，用承膜筒将乳胶膜套在试样外，下端与底座扎紧，取下承撑膜筒。用对开圆模夹紧试样，将乳胶膜上端翻出模外。

（3）对于扭转振动，将加速度计和激振驱动系统水平固定在驱动板上，再将驱动板置于试样上端，将旋转轴与试样帽上端连接，翻起乳胶膜并扎紧在上压盖上（试样帽），按线圈座编号，将对应的线圈套进磁钢外极，磁极中心至线圈上、下端的距离应相等。两对线圈的高度应一致，线圈两侧的磁隙应相同，并对称于线圈支架，按线圈上的标志接线。

（4）对于轴向振动，将加速度计垂直固定在上压盖上，再将上压盖与激振器相连。当上压盖上下活动自如时，垂直地置于试样上端，翻起乳胶膜并扎紧在上压盖上。

（5）用引线将加力线圈与功率放大器相连，并将加速度计与电荷放大器相连。

（6）拆除对开圆模，装上压力室外罩。

三、试样固结

（1）等压固结。转动调压阀，逐级施加至预定的周围压力。

（2）偏压固结。等压固结变形稳定以后，再逐级施加轴向压力，直至达到预定的轴向压力大小。

（3）打开排水阀，直至试样固结稳定。施加压力后打开排水阀或体变管阀和反压力阀，使试样排水固结（固结稳定标准：对于黏土和粉土试样，1h 内固结排水量变化不大于 0.1cm³；对于砂土试样，等向固结时，关闭排水阀后 5min 内孔隙水压力不上升，不等向固结时，5min 内轴向变形不大于 0.005mm），关排水阀。

四、稳态强迫振动法操作步骤

（1）开启信号发生器、示波器、电荷放大器和频率计电源，预热，打开计算机数据采集系统。

（2）将信号发生器的振幅控制旋钮调至零位，开启功率放大器电源预热 5min，将功能开关置于共振挡。

（3）将信号发生器输出调至给定值，连续改变激振频率，由低频逐渐增大，直至系统发生共振，读出最大电压值，此时频率计读数即为共振频率。测记共振频率和相应的电压值，由电压值确定动应变或动剪应变。

（4）进行阻尼比测定时，当激振频率达到系统共振频率后，继续增大频率，这时振幅逐渐减小，测记每一激振频率和相应的振幅电压值。如此继续，测记 7～10 组数据，关仪器电源。以振幅为纵坐标，以频率为横坐标，绘制振幅与频率关系曲线。

（5）宜逐级施加动应变幅或动应力幅进行测试，后一级的振幅可控制为前一级的 1 倍。在同一试样上选用允许施加的动应变幅或动应力幅的级数时，应避免孔隙水压力明显升高。

（6）关闭仪器电源，退去压力，取下压力室罩，拆除试样，需要时测定试样的干密度和含水率。

五、自由振动法操作步骤

（1）开启电荷放大器电源，预热，开计算机系统电源。

（2）将实验程序输入计算机，开功率放大器电源，预热 5min，在计算机控制下进行试验。计算机指令 D/A 转换器控制驱动系统，对试样施加瞬时扭矩后立即卸除，使试样自由振动。在振动过程中，加速度计的信号经过电荷放大器和 A/D 转换器输入计算机处理，得到振幅衰减曲线。

（3）宜逐级施加动应变幅或动应力幅进行测试，后一级的振幅可控制为前一级的 1 倍。在每一级激振力振动下试验后，逐次增大激振力，继续进行试验得到在试样应变幅值增大后测得的模量和阻尼比。一般应变幅值增大到 1×10^{-4} 为止。

（4）关闭仪器电源，卸除围压，取下压力室外罩，拆除试样，需要时测定试验后试样的干密度和含水率。

第五节 数 据 处 理

（1）试样的动应变。

1）动剪应变按式（11-58）计算：

$$\gamma = \frac{A_d d_c}{3d_1 h_c} \times 100 = \frac{U d_c}{3d_1 h_c \beta \omega^2} \times 100 = \frac{U d_c}{12d_1 h_c \beta \pi^2 f_{nt}^2} \times 100 \qquad (11-58)$$

式中 γ——动剪应变，%；

A_d——安装加速度计处的动位移，cm；

d_c——试样固结后的直径，cm；

d_1——加速度计到试样轴线的距离，cm；

h_c——试样固结后的高度，cm；

U——加速度计经放大后的电压值，mV；

β——加速度标定系数，mV/(981cm·s²)；

ω——共振圆频率，rad/s；

f_{nt}——试验实测扭转共振频率，Hz。

2）动轴向应变按式（11-59）计算：

$$\varepsilon_d = \frac{\Delta h_d}{h_c} \times 100 = \frac{U}{\beta \omega^2 h_c} \times 100 \tag{11-59}$$

式中 Δh_d——动轴向变形，cm。

（2）扭转共振时的动剪切模量按式（11-60）计算：

$$G_d = \left(\frac{2\pi f_{nt} h_c}{\beta_s}\right)^2 \rho_0 \times 10^{-4} \tag{11-60}$$

式中 G_d——动剪切模量，kPa；

f_{nt}——试验时实测的扭转共振频率，Hz；

β_s——扭转无量纲频率因素；

ρ_0——试样密度，g/cm³。

（3）扭转无量纲频率因数应根据试样的约束条件计算。

1）无弹簧支承的无量纲频率因数按式（11-61）计算：

$$\beta_s \tan\beta_s = \frac{I_0}{I_t} = \frac{m_0 d^2}{8I_t} \tag{11-61}$$

式中 I_0——试样的转动惯量，g·cm²；

I_t——试样顶端附加物的转动惯量，g·cm²；

m_0——试样质量，g；

d——试样直径，cm。

2）有弹簧支承时的无量纲频率因数按式（11-62）计算：

$$\beta_s \tan\beta_s = \frac{I_0}{I_t} \frac{1}{1-\left(\frac{f_{0t}}{f_{nt}}\right)^2} \tag{11-62}$$

式中 f_{0t}——无试样时转动振动各部分的扭转共振频率，Hz；

f_{nt}——试验时实测的扭转共振频率，Hz。

（4）轴向共振时的动弹性模量应按式（11-63）计算：

$$E_d = \left(\frac{2\pi f_{n1} h_c}{\beta_L}\right)^2 \rho_0 \times 10^{-4} \tag{11-63}$$

式中 E_d——动弹性模量，kPa；

f_{n1}——试验时实测的纵向振动共振频率，Hz；

β_L——纵向振动无量纲频率因数。

（5）纵向振动无量纲频率因数应根据试样的约束条件计算。

1）无弹簧支承时的无量纲频率因数按式（11-64）计算：

$$\beta_L \tan\beta_L = \frac{m_0}{m_{ft}} \tag{11-64}$$

式中　m_0——试样的质量，g；

m_{ft}——试样顶端附加物的质量，g。

2）有弹簧支承时的无量纲频率因数按式（11-65）计算：

$$\beta_L \tan\beta_L = \frac{m_0}{m_T} \frac{1}{1-\left(\dfrac{f_{01}}{f_{n1}}\right)^2} \tag{11-65}$$

式中　f_{01}——无试样时系统各部分的纵向振动共振频率，Hz；

f_{n1}——试验时实测的纵向振动共振频率，Hz。

（6）土的阻尼比按下列公式计算：

1）无弹簧支承自由振动时的阻尼比按式（11-66）计算：

$$\lambda = \frac{1}{2\pi} \frac{1}{N} \ln \frac{A_1}{A_{N+1}} \tag{11-66}$$

式中　λ——阻尼比；

N——计算所取的振动次数；

A_1——停止激振后第1周振动的振幅，mm；

A_{N+1}——停止激振后第 $N+1$ 周振动的振幅，mm。

2）无弹簧支承稳态强迫振动时的阻尼比按式（11-35）计算。

3）有弹簧支承自由扭转振动时的阻尼比按式（11-67）计算：

$$\left.\begin{aligned} \lambda &= \frac{\delta_t(1+S_t)-\delta_{0t}S_t}{2\pi} \\ S_t &= \frac{I_t}{I_0}\left(\frac{f_{0t}\beta_s}{f_{nt}}\right)^2 \end{aligned}\right\} \tag{11-67}$$

式中　δ_t、δ_{0t}——有试样和无试样时系统扭转振动的对数衰减率；

S_t——扭转振动时的能量比。

4）有弹簧支承自由纵向振动时的阻尼比按式（11-68）计算：

$$\left.\begin{aligned} \lambda &= \frac{\delta_1(1+S_1)-\delta_{01}S_1}{2\pi} \\ S_1 &= \frac{m_t}{m_0}\left(\frac{f_{01}\beta_L}{f_{n1}}\right)^2 \end{aligned}\right\} \tag{11-68}$$

式中　δ_1、δ_{01}——有试样和无试样时系统纵向振动时的对数衰减率；

S_1——纵向振动时的能量比。

（7）以动剪应变（或轴向应变）为横坐标，以动剪切模量或动弹模量为纵坐标，在半对数纸上绘制不同周围压力下动剪应变或动弹模量与动剪切模量或轴向应变关系曲线。取微小动剪应变（$\gamma < 1 \times 10^{-5}$）下的动剪切模量为最大动剪切模量 G_{dmax}。

（8）以动剪应变或轴向应变为横坐标，以动剪切模量比或动弹模量比为纵坐标，在半对数纸上绘制周围压力下动剪应变或轴向应变与动剪切模量比或动弹模量比关系的归一化曲线。

（9）以动剪应变或轴向动应变为横坐标，以阻尼比为纵坐标，在半对数纸上绘制关系曲线。

（10）共振柱试验记录格式应符合表 11－1～表 11－4。

表 11－1　　　　共振柱试验记录表（带弹簧和阻尼器支承端扭转共振柱）

任务单号		试验者	
试样编号		计算者	
试验日期		校核者	
仪器名称及编号			

试 样 情 况		计 算 参 数	
试样干质量/g		试样干密度/(g/cm³)	
固结前高度/cm		试样质量 $m_t(g)$	
固结前直径/cm		试样转动惯量 I_t/(g/cm²)	
固结后高度/cm		顶端附加物质量 m_0/g	
固结后直径/cm		顶端附加物转动惯量 I_0/(g/cm²)	
固结后体积/cm³		加速度计到试样轴线距离 d_1/cm	
试样含水率/%		加速度标定系数 β/[mV/(981cm·s²)]	

扭转共振测试结果

测定次数	最大电压值 U /mV	扭转共振频率 f_{nt}/Hz	扭转共振圆频率 ω /(rad/s)	动剪应力 ×10⁴ /%	无试样时系统扭转共振频率 f_{0t} /Hz	扭转无量纲频率因数 β_s	动剪切模量 G_d /kPa	有试样时系统扭转振动时的对数衰减率 δ_1	无试样时系统扭转振动时的对数衰减率 δ_{0t}	扭转振动时的能量比 S_t	阻尼比 λ

表 11－2　　　　共振柱试验记录表（带弹簧和阻尼器支承端纵向振动共振柱）

任务单号		试验者	
试样编号		计算者	
试验日期		校核者	
仪器名称及编号			

试　样　情　况		计　算　参　数	
试样干质量/g		试样干密度/(g/cm³)	
固结前高度/cm		试样质量 m_t/g	
固结前直径/cm		试样转动惯量 I_t/(g/cm²)	
固结后高度/cm		顶端附加物质量 m_0/g	
固结后直径/cm		顶端附加物转动惯量 I_0/(g/cm²)	
固结后体积/cm³		加速度计到试样轴线距离 d_1/cm	
试样含水率/%		加速度标定系数 β/[(mV/981cm·s²)]	

纵向振动测试结果

测定次数	最大电压值 U/mV	轴向动应变 ×10⁴/%	纵向共振频率 f_{n1}/Hz	无试样时系统纵向共振频率 f_{0t}/Hz	纵向振动无量纲频率因数 β_s	动弹性模量 E_d/kPa	有试样时系统扭转振动时的对数衰减率 δ_1	无试样时系统扭转振动时的对数衰减率 δ_{0t}	纵向振动时的能量比 S_t	阻尼比 λ

表 11-3　　　　共振柱试验记录表（自由端扭转共振柱）

任务单号		试验者	
试样编号		计算者	
试验日期		校核者	
仪器名称及编号			

试　样　情　况		试　验　参　数	
试样干质量/g		试样干密度/(g/cm³)	
固结前高度/cm		试样质量 m_t/g	
固结前直径/cm		试样转动惯量 I_t/(g/cm²)	
固结后高度/cm		顶端附加物质量 m_0/g	
固结后直径/cm		顶端附加物转动惯量 I_0/(g/cm²)	
固结后体积/cm³		加速度计到试样轴线距离 d_1/cm	
试样含水率/%		加速度标定系数 β/[mV/(981cm·s²)]	

扭转自由振动测试结果

测定次数	电荷输出电压 U/mV	自振周期/s					自振振幅/mm					扭转自由振动频率 f_{nt}/Hz	动剪应变 γ/%	无试样时系统扭转自由振动频率 f_{0t}/Hz	扭转无量纲频率因数 β_s	动剪切模量 G_d/kPa	阻尼比 λ
		T_1	T_2	T_3	T_4	平均	T_1	T_2	T_3	T_4	平均						

表 11 - 4　　　　　　　　共振柱试验记录表（自由端纵向振动共振柱）

任务单号		试验者	
试样编号		计算者	
试验日期		校核者	
仪器名称及编号			

试　样　情　况		计　算　参　数	
试样干质量/g		试样干密度/(g/cm³)	
固结前高度/cm		试样质量 m_t/g	
固结前直径/cm		试样转动惯量 I_t/(g/cm²)	
固结后高度/cm		顶端附加物质量 m_0/g	
固结后直径/cm		顶端附加物转动惯量 I_0/(g/cm²)	
固结后体积/cm³		加速度计到试样轴线距离 d_1/cm	
试样含水率/%		加速度标定系数 β/[mV/(981cm·s²)]	

自由纵向振动测试结果

测定次数	电荷输出电压 U /mV	自振周期/s					自振振幅/mm					纵向自由振动频率 f_{nl} /Hz	轴向动应变 ε_d /%	无试样时系统纵向自由振动频率 f_{01}/Hz	纵向无量纲频率因数 β_1	动弹性模量 E_s /kPa	阻尼比 λ
		T_1	T_2	T_3	T_4	平均	T_1	T_2	T_3	T_4	平均						

第六节　成　果　应　用

共振柱试验是土动力性质研究常用的试验之一，根据试样在不同应力状态下的共振频率确定波速，再由波速与弹性模量或剪切模量的关系，计算不同应力时土的弹性模量或剪切模量，用于土动力计算。这种试验优点是，在小应变范围内，试样不发生损伤；且同一试样具有可重复试验性；结果的离散性小；试验操作方便，因此受到了广泛应用。试验成果具体应用如下。

大量的震害资料充分表明，饱和砂土、粉土的液化是造成建筑物、构筑物破坏的重要原 因。因此，国内外学者多年来一直致力于预估土层液化可能性方法的研究。R. Dobry等从实 验中发现控制饱和砂土孔隙水压力增长的基本因素是动剪应变 γ_d，并存在一个数值为 10^{-4} 量级的临界剪应变 γ_{cr}。当 $\gamma_d \leqslant \gamma_{cr}$ 时，不出现孔隙水压力，当然不会有液化的可能；反之，若 $\gamma_d > \gamma_{cr}$，孔隙水压力开始形成，并随深度的增加而增大，有可能会产生液化。根据上述基本概念和 H. B. Seed 的地震荷载作用下土中等效均匀循环剪应力的计算方法，R. Dobry 提出了用刚度法判别土层液化可能性的方法。

当 $a_{max} \leqslant a_{cr}$ 时，饱和砂土、粉土不会产生孔隙水压力，不存在液化的危险；当 $a_{max} >$

a_{cr} 时，上述土的孔隙水压力开始形成，并随 a_{max} 的增大，从初始液化发展到完全 液化。其中，a_{max} 为地面运动最大加速度，由地震烈度确定；a_{cr} 为地面临界加速度，即土的 γ_d 达 γ_{cr} 时的地面运动最大加速度。a_{cr} 按式（11-69）计算：

$$a_{cr} = 1.54\beta_d \frac{G_0}{\sigma_0\gamma_0}\gamma_{cr}g \qquad (11-69)$$

式中　G_0——初始动剪切模量；

　　　β_d——动剪应变为 γ_{cr} 时模量比，$\beta_d = G_d/G_0$；

　　　σ_0——土层的上覆土压力；

　　　γ_0——由土层的黏弹性引起的动剪应力降系数，$\gamma_0 = 1 - 0.015z$，z 为上覆土层的厚度，以 m 计。

实践表明，确定 a_{cr} 的计算参数 γ_{cr}、β 值，用共振柱试验可获得满意的效果。同济大学祝龙根等[34,36] 利用饱和的福建标准砂，详细研究了围压、试样密度、应力历史对 γ_{cr} 的影响。同时，结合具体工程，测定了大量的原状饱和粉砂、砂质粉土、黏质粉土试样的 γ_{cr} 值。他们推荐的粉砂、砂质粉土、黏质粉土的 γ_{cr} 值分别为 $(1.2 \sim 2.0) \times 10^{-4}$、$(1.5 \sim 2.5) \times 10^{-4}$、$(2.5 \sim 3.5) \times 10^{-4}$。浅埋、松散、黏粒含量较少的上述土层，取相应变动范围的下限值，而深埋、密实、黏粒含量较高的上述土层，则取相应变动范围的上限值。可液化土的 γ_{cr} 大致为 $1.0 \times 10^{-4} \sim 3.5 \times 10^{-4}$，变动范围不大。至于 β 值，他们认为，γ_{cr} 在 $1.0 \times 10^{-4} \sim 3.5 \times 10^{-4}$ 范围内，饱和粉砂、砂质粉土、黏质粉土的 β 值分别取 $0.45 \sim 0.90$、$0.48 \sim 0.93$、$0.50 \sim 0.95$ 是合适的。

第十二章　空心圆柱扭剪试验

第一节　概　　述

在交通工程、岛礁工程、港口工程建设过程中，在地震荷载作用下，地基土所受的应力路径非常复杂，在试验中常常对这些变化复杂的应力路径适度简化后进行模拟试验，研究土体在主应力轴连续旋转应力路径下的变形特性。尽管动三轴试验、动单剪试验等均能改变土体应力路径，但主应力轴却没有变化，由于边界的限制，试样内的应力分布不均匀。空心圆柱扭剪试验是模拟土样在交通、波浪和地震等动荷载及循环荷载作用下应力路径发生复杂变化的试验方法，而且能克服动单剪试验试样内应力分布不均匀的缺点。

空心扭剪试验过程中能够使主应力旋转，可同时且独立地对试样施加轴力和扭矩、内压值、外压值，在实现主应力值大小改变的同时还可进行大主应力方向的改变，且方向的改变不受限制，在垂直于中主应力的固定平面上连续旋转。因此，空心扭剪试验是研究土体复杂应力路径变化的重要手段，可以测定试样产生主应力轴连续旋转的复杂应力路径条件下的变形特性，考虑了地震荷载和循环荷载作用，为相关工程设计提供参考。但目前空心扭剪试验多用于科学研究，规范对其尚未进行明确规定。

第二节　试　验　原　理

较早的扭剪仪使用实心圆柱样，这类仪器在岩石力学试验依然保留。对于土类，应变不均引起应力不均，为克服这一致命的缺陷，改用空心圆柱试样，并只施加单一的扭矩 M_T，处于纯剪状态；其后，增添了轴向力 W 和内外液压 P_i、P_o，试样受力状态如图 12-1 所示。在扭矩、轴向力和内外液压作用下，空心圆柱试样薄壁单元体受力状态如图 12-2 所示，包括由扭矩 M_T 所产生的平均剪应力 $\tau_{z\theta}$、由内侧压力 P_i 和外侧压力 P_o 产生的平均径向应力 σ_r 和平均环向应力 σ_θ，以及由竖向力 W、内侧压力 P_i 和外侧压力 P_o 共同产生的平均轴向应力 σ_z。单元体受到剪应力 $\tau_{z\theta}$、径向应力 σ_r、环向应力 σ_θ 和轴向应力 σ_z 的作用，并合成为主应力 σ_1、σ_2 和 σ_3，其中大主应力 σ_1 与 z 轴的夹角为 α。通过改变扭矩 M_T、轴向力 W 和内外液压 P_i、P_o，即可改变主应力的大小和方向，实现主应力方向的转动，进行复杂应力状态、应力路径的模拟试验。而由于中主应力 σ_2 为径向应力 σ_r，因此也可控制

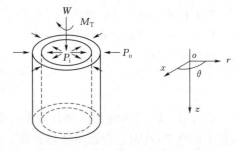

图 12-1　空心圆柱试样受力示意图

中主应力水平，研究 σ_2 对土体的影响。

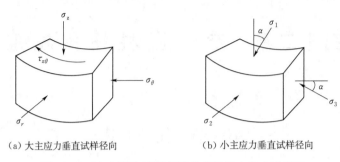

(a) 大主应力垂直试样径向　　　　　(b) 小主应力垂直试样径向

图 12-2　空心圆柱试样薄壁单元体受力状态示意图

空心圆柱扭剪试验所用周期加荷扭剪仪如图 12-3 所示，圆筒试样的内侧和外侧都用橡皮膜包扎，内外压力室可对试样的内侧和外侧施加压力 σ_r。对试样顶用激振装置施加周期扭力 $\tau_{z\theta}$，用装在顶上的扭矩传感器和扭转角度传感器量测扭矩和扭转角的大小。根据在周期扭剪过程中量测的扭矩和扭转角计算得到试样的剪应力和剪应变，计算确定其剪切模量与阻尼比。

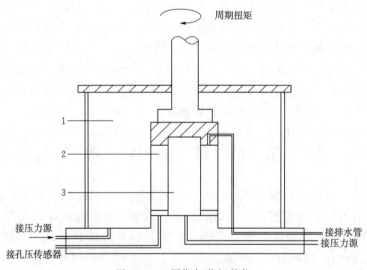

图 12-3　周期加荷扭剪仪
1—外压力室；2—试样；3—内压力室

扭剪试验的缺点是试样内剪应变分布不均。当圆筒试样受到扭力作用时，顶面沿圆周方向转动 θ 角，扭矩造成的沿径向和竖向变形都等于 0，试样的高度为 H，如图 12-4 所示，则试样的剪应变为

$$\gamma_{z\theta} = \frac{R\theta}{H} \tag{12-1}$$

式（12-1）表示圆筒试样只有剪应变 $\gamma_{z\theta}$，$\gamma_{z\theta}$ 随着半径 R 的大小变化，在圆筒内侧面最小，等于 $a\theta/H$；在圆筒外侧面最大，等于 $b\theta/H$。a 与 b 分别是圆筒内侧和外侧的半径。整个横断面上的平均剪应变为

$$\overline{\gamma_{z\theta}} = \int_a^b \frac{\gamma_{z\theta} \times 2\pi R\,\mathrm{d}R}{\pi(b^2 - a^2)} = \frac{2\theta(b^3 - a^3)}{3H(b^2 - a^2)} \qquad (12-2)$$

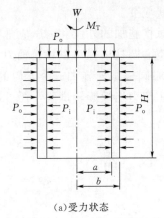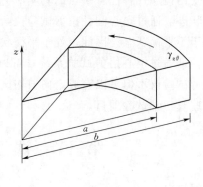

（a）受力状态　　　　　　　　　　　（b）径向位移

图 12-4　圆筒形的扭剪试样

　　为了减小圆筒试样在扭转时剪应变的不均匀，可改用圆锥形底面的试样，使试样的高度 z 随半径 r 增大，即试样内侧半径 a 与高度 h_1 之比等于外侧半径 b 与高度 h_2 之比，如图 12-5 所示。扭剪时试样的剪应变均匀，与半径无关，都为

$$\gamma_{z\theta} = \frac{b\theta}{h_2} \qquad (12-3)$$

但圆锥形底面试样发生了剪应变 $\gamma_{r\theta}$：

$$\gamma_{r\theta} = -\frac{bz\theta}{Rh_2} \qquad (12-4)$$

图 12-5　圆锥形底面的扭剪试样

　　由式（12-4）可知，减小 z/R 可以减小剪应变 $\gamma_{r\theta}$，即底面坡度应平缓。由于试样横断面上剪应变均匀，扭转剪应力也均匀，故可按照式（12-5）计算：

$$\overline{\tau_{z\theta}} = \frac{M_T}{\int_a^b 2\pi R^2\,\mathrm{d}R} = \frac{3M_T}{2\pi(b^3 - a^3)} \qquad (12-5)$$

　　圆锥形底面试样的另一缺点是因为试样高度不同，竖向应变将沿径向变化。

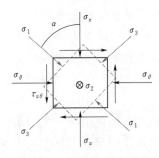

图 12-6　单元体受力状态

　　圆锥形底面试样的周期加荷扭剪试验，适用于大应变试验，测试在振动过程中孔隙水压力的增长，确定液化剪应力 τ_L 及发生液化的周数 N_L，其优点是剪应力分布比单剪试验均匀。但是原状土很难做成圆锥形底面的试样，只适用于人工制备的试样进行试验。

　　当假设空心圆柱试样满足薄壁条件时，任意单元体在平衡状态时受力状态是一样的，如图 12-6 所示。空心圆柱试样是一个轴对称构件，当受扭矩作用时，某点的剪应力与其到轴心的距离成线性比例关系。因此,受扭空心圆柱试样上的剪应力并不是均匀分布的。不过,通过调整试样的高度和内外径尺寸,可以使应力分布的不均匀程度降至最低。采用平均应力和平均应变的概念代替任意一点的真实应力和真实应变。

在平衡状态,通过空心圆柱扭剪试验仪给空心试样施加的外压和内压应是相等的,否则试样将处于不平衡状态。因此,处于平衡状态的空心圆柱试样可以承受轴力、扭矩、径向内外压力,即通过空心扭剪试验系统,可以给空心圆柱试样施加三个方向的力。所以,空心圆柱扭剪试验仪不但可以完成定向剪切试验和主应力连续旋转试验,还可以在某种程度上完成某些真三轴试验项目。

第三节 试 验 仪 器

一、仪器概况

进行空心圆柱扭剪试验采用的设备是空心圆柱扭剪仪(hollow cylinder apparatus, HCA)。空心圆柱扭剪仪因试样为薄壁空心圆柱形而得名。在静态和准静态的环境下,HCA 能够对试样施加设定的轴力、扭矩以及内外围压,从而实现试样主应力轴方向的旋转。就目前的仪器能力而言,这种旋转方式可实现试样径向主应力为中主应力,大小主应力以径向为轴在平面内旋转,其应力坐标系包含大、中、小主应力以及大(小)主应力旋转角度 4 个独立变量。空心圆柱扭剪仪所能提供的轴力等 4 个加载参数与主应力和转角形成映射关系,从而达到静态下模拟平面主应力轴旋转应力路径的要求。

二、仪器组成

空心圆柱扭剪仪的实物和原理图如图 12-7 所示。该仪器主要包括压力室、加载系统、数据采集及分析系统。

1. 压力室

压力室底座固定在驱动装置的顶部,在底座上接入连接试样各水压管路,包括外围压、内围压、反压、孔压等。压力室顶部装有可互换式荷载扭矩传感器,顶盖通过一个连接在电动马达上的升降架实现升降操作,使试样处于合适的位置。压力室内空心圆柱试样的尺寸一般采用:高度 $H=200\text{mm}$,外径 $D=100\text{mm}$,内径 $d=60\text{mm}$。该试样尺寸满足 Hight 等提出的减小应力应变不均匀性的尺寸范围。

2. 加载系统

加载系统包括内外压力控制器、轴向压力和扭矩伺服马达。两个围压控制器分别控制内部围压和外部围压,控制器由伺服步进马达控制,通过改变控制器体积实现内外围压的静动态变化。采用两个伺服马达分别控制轴向运动和扭转运动。轴向压力通过压力室底部的基座施加,扭矩通过与基座连接的连杆施加。轴向压力和扭矩通过安装在压力室内的内置水下荷载及扭矩传感器来测量,轴向位移和旋转角通过 DCS 高分辨率编码器测量。

进行动态试验时,为了进一步减小扭转马达在旋转扭矩由正值过渡到负值时产生的后冲力,系统增加了一个编码器用于反馈旋转运动。这个辅助编码器直接固定在主杆上,主要用于对主马达进行初步反馈,以保证马达的控制过程、实际读取的旋转运动过程与样本

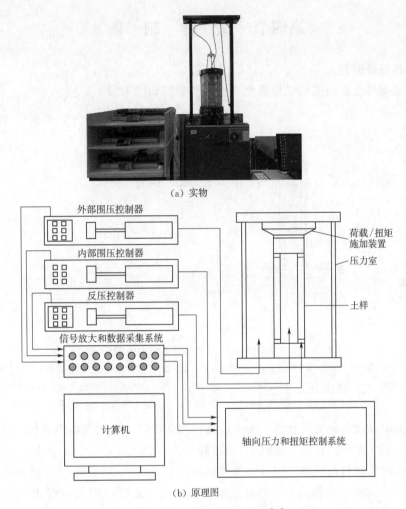

(a) 实物

(b) 原理图

图 12-7 空心圆柱扭剪仪[14]

旋转过程相接近。

3. 数据采集及分析系统

动态系统以 DCS 高速数字控制系统为基础，有位移和荷载闭环反馈。GDS 空心扭剪仪的 DCS 配有 16 位数据采集（A/D）和 16 位控制输出（D/A）装置，以每通道 10Hz 的控制频率运行，保证系统具有较高采集频率和可靠性。

三、性能参数

（1）轴向荷载/扭矩可选规格为 5kN/100N・m。

（2）动态频率可选规格包括 0.5Hz、1Hz、2Hz、5Hz。

（3）试样高度/外径/内径：200mm/100mm/60mm；400mm/200mm/160mm；或用户自定义尺寸。

（4）围压：200mm/100mm/60mm 试样为 2MPa；400mm/200mm/160mm 试样为 1MPa。

第四节 试 样 制 备

一、试样制备装置

（1）重塑黏性土空心圆柱试样真空预压制备装置如图 12-8 所示。

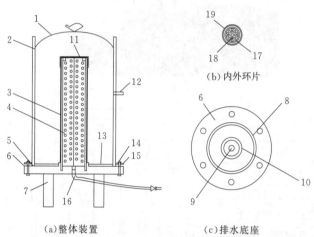

(a)整体装置　　　(b)内外环片　　　(c)排水底座

图 12-8 重塑黏性土空心圆柱试样真空预压制备装置[14]

1—乳胶膜；2—装样固结筒；3—滤纸；4—三瓣排水体；5—橡胶密封叠圈；6—排水底座；7—三角支架；
8—凹槽；9—排水孔；10—插槽圆环；11—配套顶盖；12—抽气孔；13—土工布；14—螺栓；
15—法兰盘；16—气动阀门；17—内环；18—透水圆孔；19—外环

（2）其他附属设备包括搅拌机、天平、真空饱和设备（包括真空饱和缸、真空度调节阀、真空泵、过气留水缸、无气水缸）、长颈漏斗。

（3）其他附属材料包括橡皮膜（内橡皮膜厚度宜为 0.1~0.2mm；外橡皮膜厚度宜为 0.2~0.3mm）、滤纸、承膜筒、外壁对开模、密封袋、橡皮 O 形圈（橡皮 O 形圈尺寸应与试样内径、外径相符）、保鲜膜（保鲜膜长度应略大于黏性土试样周长，宽度应略大于黏性土试样高度）、凡士林。

二、重塑黏性土空心圆柱试样制备步骤

（1）现场取土后，经风干、碾碎、过筛，获得较为干燥的均质土，测定风干土含水率，并根据土样质量和液限计算试验所需的加水量，加水后的土样含水率达到 1.1~1.2 倍的液限。

（2）根据计算的加水量向土样加水使土样成为泥浆，用小型搅拌机均匀搅拌，搅拌时间不宜少于 10min。

（3）将搅拌好的土样泥浆缓慢倒入装样固结筒内，并同时震荡乳胶膜，保证泥浆中无气泡。装好后将试样密封。

（4）连接排水、抽气管路和真空泵，采用分级加载的方式施加小于试样试验固结压力的真空负压，否则会形成超固结土性状。量测水气分离装置中的排水量，实时监控最终重塑黏性土空心圆柱试样的含水率。

（5）当含水率达到目标含水率时，关闭真空泵，缓慢降低装置内真空负压，避免卸荷

造成的扰动，卸荷至0kPa之后，整个制备装置静置至少30min，以便后期取样。

（6）试样静置完毕后可拆样，过程中不可扰动试样。

（7）重塑黏性土空心圆柱试样内、外壁精削应参照原状黏性土空心试样内、外壁切削过程进行。

重塑黏性土空心圆柱试样制备方法以河海大学重塑空心圆柱黏性土试样真空预压制备方法为示例。重塑空心圆柱黏性土真空预压制备装置装样固结筒尺寸应根据试验所用的空心圆柱扭剪仪标准试样尺寸来设计，制得的重塑黏性土空心圆柱试样是初步成型待精削的空心试样，其外径、内径应分别大于、小于试验所用的空心圆柱扭剪仪标准试样外径、内径3～5mm，制得的重塑黏性土空心圆柱试样高度应不小于试验所用的空心圆柱扭剪仪标准试样高度2cm，以保证初步成型待精削的空心试样在保存和加工过程中出现局部受损或偏差时可修复。

第五节 试 验 步 骤

一、试样安装

黏性土空心圆柱试样安装步骤如下。

1. 压力室外安装步骤

（1）内膜底座安装。将内膜一端牢固嵌入底座，注入无气水，通过挤压检查内膜表面是否渗水，若有渗水应卸下重新安装。

（2）试样就位。将透水石穿过内膜固定在基座上，并贴上环形滤纸，再将试样穿过内膜置于透水石上，在试样周围贴上6条浸湿的滤纸条，滤纸条宽度应为试样直径的1/6～1/5。

（3）外膜安装。将外膜浸水用承膜筒套在试样外，保证外膜底部紧扎在试样底座。

（4）顶盖安装。避免对试样产生竖向扰动。

顶盖的安装需配合顶盖定位器，以河海大学顶盖定位器安装法为示例：将试样顶盖定位器（顶盖定位器结构如图12-9所示）的下部卡位器夹住试样基座，用螺丝定位合拢，同时旋紧下定位螺钉。将透水石固定在顶盖上，在透水石表面贴上浸润的环形滤纸，将试样顶盖穿过橡皮内膜，避免与试样顶部接触，同时沿着定位杆旋动定位卡片，使试样顶盖定位器的上部卡位器移动到试样顶盖处，旋动上定位螺丝，将上部卡位器与试样顶盖连接。将试样橡皮内膜翻出，用橡皮O形圈固定在试样的帽盖上。将滤纸条与上透水石连接，使外膜套在顶盖上，并用橡皮圈固定。

（5）内膜顶部安装。向试样内腔中注满无气水，将内膜穿过顶盖向外翻出并扎紧。

（6）帽盖安装。盖上帽盖，并用螺栓固定。

2. 压力室内安装步骤

（1）向控制器充无气水并排除管道空气，当控制器管道匀速排水、无气泡出现时停止排水，连接控制器与压力室。

（2）将试样移入压力室内，置于压力室基座上，并通过螺栓将试样底座与压力室基座连接固定。

（3）顶部螺栓固定，利用轴力控制，使试样顶盖与上部传感器缓缓接近至刚好接触，利用螺栓固定。

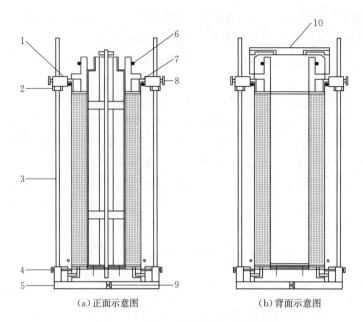

(a)正面示意图　　　　　　　　　(b)背面示意图

图 12-9　顶盖定位器结构示意图[14]

1—试样顶盖定位器的上部卡位器；2—定位卡片；3—定位杆；4—下定位螺丝；5—试样顶盖定位器的
下部卡位器；6—橡皮 O 形圈；7—试样顶盖；8—上定位螺丝；9—螺丝；10—试样盖帽

（4）对试样施加适当拉力，力的大小应当与顶盖重力相等，然后将轴力、轴向位移、扭矩、旋转位移转角、孔压初始读数设置为 0。

（5）连接压力室内部管线，宜按照由上至下的顺序连接。

（6）放下压力室外罩并固定，压力室充水，待注满水后，应同时关闭压力室排水口、压力室进水口，停止压力室供水。

（7）控制器读数校零。

二、扭剪试验

（1）检查连接线。检查电脑与仪器间的连接线以及电源线，确保系统正常运行。

（2）试样饱和。砂土空心圆柱试样安装完成后，先同时施加 20kPa 的外压和内压使试样稳定，再对其进行水头饱和。水头饱和前，将饱和用的具有高水头的无气水接入反压下进水口，打开其阀门，再打开孔隙水压力排水阀，利用高水头排出孔隙水压力传感器及其管路中的空气，待孔隙水压力排水口处持续地匀速滴水且不含气泡时，表明空气排尽。然后关闭孔隙水压力排水阀，打开反压上排水阀，对试样进行水头饱和，待反压上排水口处持续地匀速滴水且不含气泡时，表明水头饱和完成，同时关闭反压上排水阀和反压下进水阀。最后通过反压饱和提高饱和度，直到孔压系数 B 大于 0.95，方认为试样已完成饱和。

（3）试样固结。输入围压和反压（保持反压不变，围压为反压加上固结压力），当反压体积保持不变或者孔隙水压力等于反压时说明固结过程完成。

（4）调接触。将荷载传感器数值清零，然后施加 0.005kN 的轴向力，让底座上升保证试样帽与加载头对接。

（5）施加荷载。输入所需的目标轴向荷载基准值，输入目标围压值（围压值一般保持当前值不变），输入目标扭矩。

（6）数据采集。记录施加的竖向力 W、内侧压力 P_i、外侧压力 P_o 和扭矩 M。改变内、外压或扭矩大小，重复步骤（6）～（7）。

（7）压力卸载：试验完成之后卸载压力，压力卸载顺序为先内后外，即按照反压、轴压和围压的顺序卸载。

（8）拆试样。压力卸载之后排空压力室内的水，拎动螺栓卸载外压力室，注意应对称松开，移开外压力室，将试样整体从底座上卸下并移除压力室，然后再拆除试验顶帽，清洗设备，最后将设备归位。

（9）整理数据，计算试样应力状态，绘制应力路径图、应力莫尔圆和破坏切线。

除上述扭剪试验外，空心圆柱扭剪仪根据设置的内、外压不同还可进行的试验见表 12-1。

表 12-1 空心圆柱扭剪仪可进行的试验

试 验 类 型	试 验 方 法
真三轴静试验（大、中、小主应力幅值独立控制）	施加内、外不等围压，同时调控轴力
真三轴动试验（大、中、小主应力幅值独立控制，竖向主应力在中高频率下作任意波形的周期变化）	施加内、外不等围压，同时调控轴力，轴力可在中高频率下动态变化
动、静纯扭剪试验	独立施加扭矩，调控内、外围压和轴力实现等压状态
主应力轴旋转静态试验（从荷载角度来实现）	独立控制内、外围压、轴力、扭矩 4 个加载参数
主应力轴旋转静态试验（从应力要素角度来实现，可研究平均应力 p、剪应力 q、中主应力参数 b 及主应力轴旋转 4 因素对土性的影响以及相互间耦合的作用；排水或不排水条件均可）	通过专用操作模块，直接控制应力参数 p、q、b、α 的应力路径：$b=(\sigma_2-\sigma_3)/(\sigma_1-\sigma_3)$，$p=(\sigma_1+\sigma_2+\sigma_3)/3$，$q=\sigma_1-\sigma_3$，$\alpha$ 为大主应力转角（图 12-2）

第六节　数　据　处　理

一、平均应力、应变的计算

通过空心圆柱扭剪仪可以对试样施加 4 种荷载，包括扭矩 M_T、竖向力 W、内侧压力 P_i 和外侧压力 P_o，如图 12-10 所示。

土力学试验中，应力和应变的确定一般不根据某一特定点的测量值，而只能是集合体的平均量，这就是要求仪器的试样应力、应变分布越均匀越好的原因。均匀性与试样的几何尺寸、本构关系、荷载的组合方式三者有关。土并非线性弹性体，它具有的黏、塑性对应力场的均匀化是有利的。因此，只要几何尺寸、荷载组合选择合理，均匀性满足要求，资料的计算和分析采用平均值是可靠和实用的。如图 12-10 所示，产生的应力和应变的平均值分述如下。

由轴向荷载 W 和内外壁压力 P_i 和 P_o 引起的平均垂

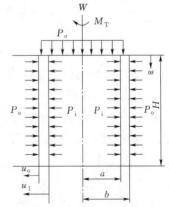

图 12-10　空心圆柱样受力状态

直应力

$$\bar{\sigma}_z = \frac{W}{\pi(b^2 - a^2)} + \frac{P_o b^2 - P_i a^2}{b^2 - a^2} \tag{12-6}$$

根据线弹性理论，空心圆柱壁内、外压力分别为 P_i 和 P_o 时，径向应力 σ_r 和周向应力 σ_θ 可分别表示为

$$\sigma_r = -\frac{a^2 b^2}{b^2 - a^2} \frac{P_o - P_i}{R^2} + \frac{a^2 P_i - b^2 P_o}{b^2 - a^2} \tag{12-7}$$

$$\sigma_\theta = \frac{a^2 b^2}{b^2 - a^2} \frac{P_o - P_i}{R^2} + \frac{a^2 P_i - b^2 P_o}{b^2 - a^2} \tag{12-8}$$

将式（12-9）和式（12-10）分别沿径向积分获取平均径向应力和平均环向应力：

$$\bar{\sigma}_r = \int_a^b \frac{\sigma_r \mathrm{d}R}{b-a} = \frac{P_0 b + P_i a}{b + a} \tag{12-9}$$

$$\bar{\sigma}_\theta = \int_a^b \frac{\sigma_\theta \mathrm{d}R}{b-a} = \frac{P_0 b - P_i a}{b + a} \tag{12-10}$$

由式（12-10）可见，若外压力 P_o 大于内压力 P_i，则环应力 $\bar{\sigma}_\theta$ 为压应力（土力学中应力以压为正）；若内压力超过 $\frac{b}{a} P_o$，则环应力 $\bar{\sigma}_\theta$ 为拉应力。因此调整内外压力即可调整环应力。

由扭矩 M_T 引起的截面上的平均剪应力按式（12-5）计算。剪应变分布如图 12-11 所示。

由轴向位移 ω 求出平均轴向应变：

$$\bar{\varepsilon}_z = \frac{\omega}{H} \tag{12-11}$$

由内、外壁面的径向位移 u_i 和 u_o 求出平均径向应变：

$$\bar{\varepsilon}_r = -\frac{u_o - u_i}{b - a} \tag{12-12}$$

计算结果中，正号代表压缩，负号代表拉伸。

周向应变为 $\varepsilon_\theta = \frac{1}{R} \frac{\partial U}{\partial \theta} + \frac{u}{R}$。由于圆周上各点位移相等，$\partial U = 0$，即得

$$\bar{\varepsilon}_\theta = \frac{\bar{u}}{\bar{R}} = \frac{u_o + u_i}{b + a} \tag{12-13}$$

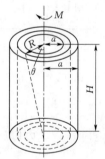

图 12-11　剪应变分布

半径为 R 处的剪应变按式（12-1）计算，平均剪应变按式（12-2）计算。

二、主应力计算

$\bar{\sigma}_r$ 是主应力之一，一般来说为中主应力，而由 $\bar{\sigma}_z$、$\bar{\tau}_{z\theta}$、$\bar{\sigma}_\theta$ 再组合成大、小主应力 σ_1 和 σ_3，如图 12-12 所示。

（1）大主应力

$$\sigma_1 = \frac{\bar{\sigma}_z + \bar{\sigma}_\theta}{2} + \sqrt{\frac{(\bar{\sigma}_z - \bar{\sigma}_\theta)^2}{4} + \bar{\tau}_{z\theta}^2} \tag{12-14}$$

大主应力与竖轴的夹角为

$$\alpha = \frac{1}{2}\arctan\left(\frac{2\bar{\tau}_{z\theta}}{\bar{\sigma}_z - \bar{\sigma}_\theta}\right) \quad (12-15)$$

(2) 中主应力

$$\sigma_2 = \bar{\sigma}_r \quad (12-16)$$

(3) 小主应力

$$\sigma_3 = \frac{\bar{\sigma}_z + \bar{\sigma}_\theta}{2} - \sqrt{\frac{(\bar{\sigma}_z - \bar{\sigma}_\theta)^2}{4} + \bar{\tau}_{z\theta}^2}$$

$$(12-17)$$

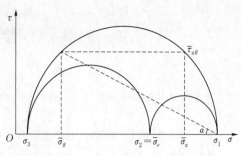

图 12 - 12 土单元上应力莫尔圆

三、应力路径

空心扭剪试验给试样施加了 4 个应力分量，通过增加扭矩可以改变主应力的大小和方向，从而绘制出应力路径。根据记录的试验结果和计算结果，绘制主应力的应力路径曲线。空心扭剪试验记录表见表 12 - 2。

表 12 - 2 　　　　　　　　空心扭剪试验记录表

任务单号		试验者	
试样编号		计算者	
试验日期		校核者	
仪器名称及编号			

测　试　结　果							计　算　结　果									
M_T /(N·m)	W /N	P_i /N	P_o /N	ω /(°)	u_o /kPa	u_i /kPa	$\bar{\varepsilon}_z$	$\bar{\gamma}_{z\theta}$	$\bar{\varepsilon}_\theta$	$\bar{\varepsilon}_r$	$\bar{\sigma}_z$ /kPa	$\bar{\tau}_{z\theta}$ /kPa	$\bar{\sigma}_\theta$ /kPa	$\bar{\sigma}_r$ /kPa	σ_1 /kPa	σ_3 /kPa	α

第七节　成　果　应　用

一、地震荷载作用下土体复杂应力路径模拟研究

按一定的波形函数加载，应力路径可实现主应力轴旋转角 90°突变，符合地震荷载作用下的应力路径，因此可以模拟地震作用下土体的应力路径试验，同时通过获取的应力路径可确定最不利的主应力旋转角位置。

二、土体泊松比试验研究

利用空心圆柱扭剪仪，对粉质黏土进行循环三轴及循环扭剪试验，得出相应的杨氏模量、剪切模量和动泊松比，探讨有效固结围压、固结应力比等指标对动泊松比的影响，研究试验土样在循环荷载下的剪切变形性质和稳定性。

参 考 文 献

[1] 中华人民共和国水利部.土工试验方法标准：GB/T 50123—2019 [S].北京：中国计划出版社，2019.

[2] 中华人民共和国水利部.土的工程分类标准：GB/T 50145—2007 [S].北京：中国计划出版社，2008.

[3] 中华人民共和国住房和城乡建设部.建筑地基基础设计规范：GB 50007—2011 [S].北京：中国建筑工业出版社，2012.

[4] 中华人民共和国水利部.土工试验仪器 触探仪：GB/T 12745—2007 [S].北京：中国标准出版社，2007.

[5] 中华人民共和国水利部.土工合成材料应用技术规范：GB/T 50290—2014 [S].北京：中国计划出版社，2014.

[6] 中华人民共和国住房和城乡建设部.建筑抗震设计规范：GB 5011—2010 [S].北京：中国建筑工业出版社，2010.

[7] 南京水利科学研究院.土工合成材料测试规程：SL 235—2012 [S].北京：中国水利水电出版社，2012.

[8] 中国轻工业联合会.土工合成材料塑料土工格栅：GB/T 17689—2008 [S].北京：中国标准出版社，2008.

[9] 交通运输部公路科学研究院，中交第二公路勘察设计研究院有限公司，同济大学.公路土工试验规程：JTG 3430—2020 [S].北京：人民交通出版社，2020.

[10] 中交公路规划设计院有限公司.公路桥涵地基与基础设计规范：JTG 3363—2019 [S].北京：人民交通出版社，2020.

[11] 姜朴.现代土工测试技术 [M].北京：中国水利水电出版社，1997.

[12] 李广信.高等土力学 [M].北京：清华大学出版社，2004.

[13] 王保田.土工测试技术 [M].南京：河海大学出版社，2000.

[14] 沈扬，张文慧.岩土工程测试技术 [M].北京：冶金工业出版社，2017.

[15] 河海大学《土力学》教材编写组.土力学 [M].北京：高等教育出版社，2019.

[16] 南京水利科学研究院土工研究所.土工试验技术手册 [M].北京：人民交通出版社，2003.

[17] 林宗元.岩土工程试验监测手册 [M].北京：中国建筑工业出版社，2005.

[18] 徐超，邢皓枫.土工合成材料 [M].北京：机械工业出版社，2010.

[19] 《工程地质手册》编委会.工程地质手册 [M].北京：中国建筑工业出版社，2007.

[20] 梅国雄，卢廷浩，陈浩，等.考虑初始应力的坑侧土体真三轴试验研究 [J].岩土力学，2010，31 (7)：2079-2082.

[21] 施维成，朱俊高，何顺宾，等.粗粒土应力诱导各向异性真三轴试验研究 [J].岩土工程学报，2010，32 (5)：810-814.

[22] 张坤勇，殷宗泽，徐志伟.国内真三轴试验仪的发展及应用 [J].岩土工程技术，2003 (5)：289-293.

[23] 殷建华，周万欢，Kumruzzaman M，等.新型混合边界真三轴仪加载装置及岩土材料试验结果 [J].岩土工程学报，2010，32 (4)：493-499.

[24] 于浩，李海芳，温彦锋，等 . 九甸峡堆石料三轴蠕变试验初探 [J]. 岩土力学，2007，28（增刊 1）：103 – 106.

[25] 程展林，丁红顺 . 堆石料蠕变特性试验研究 [J]. 岩土工程学报，2004，26（4）：473 – 476.

[26] 米占宽，沈珠江，李国英 . 高面板堆石坝坝体流变性状 [J]. 水利水运工程学报，2002（2）：35 – 41.

[27] 任杰 . 高压三轴试验下福建标准砂的力学特性 [D]. 吉林：东北电力大学，2018.

[28] 甘霖，袁光国 . 大型高压三轴试验测试及粗粒土的强度特性 [J]. 大坝观测与土工测试，1997（3）：11 – 14.

[29] 梁军，刘汉龙 . 面板坝堆石料的蠕变试验研究 [J]. 岩土工程学报，2002，24（2）：257 – 259.

[30] 刘麟德，袁光国 . GST – 80 型高压大三轴试验机应用于工程试验研究 [J]. 水电站设计，1989（3）：54 – 58.

[31] 朱思哲，柏树田 . 大型高压三轴仪和平面应变仪的研制及应用 [J]. 大坝观测与土工测试，1987（1）：26 – 35.

[32] 孙钧 . 岩土材料流变及其工程应用 [M]. 北京：中国建筑工业出版社，1999.

[33] 柏立懂，项伟，Savidis S A，等 . 振动历史对砂土非线性剪切模量和阻尼比的影响 [J]. 岩土工程学报，2012，34（2）：333 – 339.

[34] 祝龙根，吴晓峰 . 试样尺寸、形状对共振柱试验结果的影响 [J]. 水文地质工程地质，1987（5）：30 – 33.

[35] 孙静，袁晓铭，孙锐 . 固结比对土最大动剪切模量的影响 [J]. 世界地震工程，2010，26（增刊 1）：75 – 79.

[36] 祝龙根，徐存森 . 共振柱仪及其在工程中的应用 [J]. 大坝观测与土工测试，1993，17（1）：32 – 37.

[37] 俞培基 . 共振柱仪及其在土动力学中的应用 [J]. 大坝观测与土工测试，1985（3）：31 – 37.

[38] 徐亦敏，姜朴 . 在土工测试中共振柱的应用 [J]. 河海大学学报，1991，19（6）：36 – 41.

[39] 祝龙根，吴晓峰 . 饱和砂和低塑性粘土临界剪应变的研究 [J]. 港口工程，1986（4）：14 – 19.

[40] 潘华，陈国兴 . 动态围压下空心圆柱扭剪仪模拟主应力轴旋转应力路径能力分析 [J]. 岩土力学，2011，32（6）：1701 – 1706，1712.

[41] 周辉，姜玥，卢景景，等 . 岩石空心圆柱扭剪仪试验能力 [J]. 岩土力学，2018，39（5）：1917 – 1922.

[42] 李作勤 . 扭转三轴试验综述 [J]. 岩土力学，1994（1）：80 – 93.

[43] 李顺群，高艳，夏锦红，等 . π 平面上原状土的空心扭剪试验 [J]. 力学季刊，2019，40（1）：208 – 215.

[44] 余良贵，周建，温晓贵，等 . 利用 HCA 研究黏土渗透系数的标准探索 [J]. 岩土力学，2019，40（6）：2293 – 2302.

[45] 周正龙，陈国兴，吴琪 . 四向振动空心圆柱扭剪仪模拟主应力轴旋转应力路径能力分析 [J]. 岩土力学，2016，37（增刊 1）：126 – 132.

[46] 高磊，胡国辉，陈永辉，等 . 玄武岩纤维加筋黏土三轴试验研究 [J]. 岩土工程学报，2017，39（增刊 1）：198 – 203.

[47] Seed H B，Idriss I M，Makdisi F，et al. Representation of irregular stress time histories by equivalent uniform stress series in liquefaction analysis [R]. Earthquake Engineering Research Center，College of Engineering，University of California，Berkely，California，1976.

[48] 高磊，胡国辉，杨晨，等 . 玄武岩纤维加筋黏土的剪切强度特性 [J]. 岩土工程学报，2016，38（增刊 1）：231 – 237.

[49] 余湘娟，殷宗泽，高磊 . 软土的一维次固结双曲线流变模型研究 [J]. 岩土力学，2015，36（2）：

320 - 324.

[50] 陈智慧，余湘娟，高磊．坝基含砂黏土的动剪切模量和阻尼比试验研究 [J]．水运工程，2014 (6)：146 - 150.

[51] 白玉，余湘娟，高磊．南京地区粉质粘土动剪切模量与阻尼比试验研究 [J]．水利与建筑工程学 报，2013，11 (1)：26 - 30，96.

[52] 褚福永，朱俊高，殷建华．基于大三轴试验的粗粒土应力剪胀方程 [J]．工程科学与技术，2013，45 (5)：24 - 28.

[53] 褚福永，朱俊高，殷建华．基于大三轴试验的粗粒土剪胀性研究 [J]．岩土力学，2013，34 (8)：2249 - 2254.

[54] 李鹏，李振，刘金禹．粗粒料的大型高压三轴湿化试验研究 [J]．岩石力学与工程学报，2014，23 (2)：231 - 234.

[55] 沈扬，周建，张金良，等．新型空心圆柱仪的研制与应用 [J]．浙江大学学报（工学版），2007，41 (9)：1450 - 1456.